Q

Q 젊은
과학도를
위한

한 줄 질문 2

탁월한 질문
하나가
세상을 바꾼다

남
영
지
음

궁리
KungRee

한 줄 질문을 제출했던 모든 학생들에게.

미래에 대한 불안과 청년기의 방황이 배어나는 질문을 읽으며
그 시절 그때의 나를 떠올렸습니다.
학문에 대한 갈급함이 묻어나는 질문에서는
내가 자꾸만 잊어가고 있는 것을 되새겨주었습니다.
사회적 책임에 관한 매우 진지한 질문들과 마주치면서
속 깊은 젊음을 만났습니다.
물론 버뮤다 삼각지대, 우주의 끝,
외계인의 존재 여부부터 명작영화와 책 추천,
좋아하는 음료수를 묻는 귀여운 질문들도
모두 재미있었습니다.

덕택에 두 번째 『한 줄 질문』이 나왔습니다.
고맙습니다.

차
례

들어가며   9

한 줄 질문에 대한 조언   15

1부. 과학에 대한 사회적 논쟁과 오해들   19

2부. 과학기술에 대처하는 우리의 자세   61

3부. 과학에 대한 역사적 오해와 의문들   137

4부. 독서법과 학습법에 대하여   193

| 에필로그 | 중요한 질문들   251

이 책은 '강의를 하면서 받은 대학생들의 질문에 대한 필자의 답변들 중 많은 이들과 함께 나눌 만한 내용들을 모아 글로 정리한 것'이라고 짧게 요약할 수 있다. 하지만 이 책의 특성에 대해서는 조금은 더 긴 설명이 필요할 듯하다.

필자가 과학사를 전공하고 대학에서 강의한 지 어느덧 10년 이상의 시간이 지났다. 시간강사로 시작한 대학 첫 수업부터 한양대학교의 '과학기술의 철학적 이해' 교과목을 맡았었고, 시간이 지나 자리를 잡으면서 직접 개발한 과목들인 '혁신과 잡종의 과학사', '과학자의 리더십', '과학클래식: 과학과 종교' 등 주로 과학사나 과학에 대한 성찰적 이해를 목표로 하는 교과목들을 개발하고 강의하며 학생들과 호흡하고 있다. 어느 날 대충 계산해보니 그간 6000~7000명 이상의 학생들에게 학점을 주었고, 교양과목을 많이 맡게 되는 전공 특성상 거의 대부분 학과 학생들을 가르쳐본 셈이라는 것을 깨달았다. 이 정도면 남들과 나눠 볼 수 있는 개인적 경험이 될 수 있겠다는 생각이 들었다. 이 책은 그렇게 용기를 낸 결과들 중 하나다.

이 책의 제목인 '한 줄 질문'은 필자가 모든 수업에서 행하고 있는 필자 고유의 행사명이다. 이 행사의 연원은 필자가 강의하는 대표 교과목인 '혁신과 잡종의 과학사'로부터 비롯되었다. 과학혁명을 중심으로 과학사를 강의하는 '혁신과 잡종의 과학사'는 2010년 개설된 이래 지금까지 꽤 인기를 얻었고, 수업의 내용을 정리한 『태양을 멈춘 사람들』이라는 책도 2016년에 출간할 수 있었다. 그리고 이 수업만의 독특한 행사가 하나 더 있었는데 바로 '한 줄 질문'이다.

처음 강의를 개설했을 때 아마 학교의 과학사 마니아들은 다 몰려온 모양이었다. 거의 매주, 메일로 상당한 수준의 어려운 질문들이 학생들로부터 내게 날아들기 시작했다. 내가 알지 못하는 내용들은 다른 동료 연구자들께 물어가며 내 나름대로 성심껏 답신했다. 그리고 아주 훌륭한 질문에 대해서는 수업시간에 언급하며 더욱 많은 학생들이 정보를 공유할 수 있게끔 했다. 내 노력에 대한 학생들의 반응에 많은 보람을 느꼈다.

그러다 보니 한 가지 아이디어가 떠올랐다. 모든 학생들에게 질문을 받아보면 어떨까? 한두 명의 학생들이 이토록 멋진 질문들을 연속해서 던진다면 전체 학생들에게 질문을 받았을 때 수업이 훨씬 풍요로워질 것 같았다. 하지만 억지로 질문을 하게 한다면 또한 학생들에게 부담이 될 수도 있다. '질문할 것이 있느냐?'고 한국 학생들에게 물어보면 당연히 손을 들고 질문하는 경우는 흔치 않다. 그래서 생각한 것이 모든 학생에게 중간시험과 기말시험 전전주에 서면으로 질문을 받고 시험 전주에 답변을 해주는 방법이었다. 적절한 시점에 수업의 전체적 복습도 할 수 있고 학생들의 수업이해도도 어느 정도 체크해볼 수 있을 듯했다. 그리고 질문에 부담을 가지지 않도록 '한 줄' 정도로만 무엇이건 물어보라고 '한 줄 질문'이라는 행사명을 작명했다. 물론 질문이 길어져도 상관없고, 질문의 내용도 꼭 수업내용에 관한 것이 아니어도 좋으니 '무엇이건' 물어보라고 했다. 그렇게 시작한 '한 줄 질문'의 효과는 기대 이상이었다.

이 행사는 전체적인 수업의 정리도 될뿐더러 다른 학생들이 어떤 생각을 하고 있는지에 대해 학생 상호간의 이해도 증진되는 효과를 함께 기대할 수 있었다. 그리고 학생이 실제 궁금해했던 것에 대한 답인 만큼 학생 개인에게 상당한 교육적 효과도 줄 수 있었다. 하지만 무엇보다 기대하지 못했던 효과는 오히려 필자 자신이 크게 성장하는 것을 느꼈다는 점이다. 예상한 질문도 있었지만, 전혀 생각도 못한 의외의 질문들도 있었다. 집단지성의 위력을 실감했다. 특히 직업상 언제나 젊은 학생들과 상호작용한다는 믿음하에 생각만큼은 또래보다 젊게 살고 있다고 자부해왔다.

그러나 크게 잘못 생각하고 있었다는 것을 깨달았다. 그 상호작용이라는 것이 강의라는 형태를 취하고 있어 막상 학생들의 실제 생각을 들어볼 기회가 거의 없었다는 반성이 함께 일었다. 참 많은 것을 얻었다. 그런 반성 속에 처음 '혁신과 잡종의 과학사'에서만 시도하던 한 줄 질문을 이제는 모든 수업에서 받아보고 있다. 매학기 약 400개, 1년간 800개가 넘는 학생들의 질문에 답하다 보면 학생들의 생각과 트렌드를 읽는 데 큰 도움이 된다. 그래서 지금도 매번 시간을 할애해서 '한 줄 질문'에 대한 답변을 구상하는 시간을 가진다. 그리고 답변시간이 되면 가벼운 질문에는 가벼운 유머로, 진지한 질문에는 진지하고 길게, 사실관계를 명확히 해주어야 할 것은 내용을 명확히 확인하고 대답해준다. 그렇게 몇 년을 계속한 결과 학생들과 주고받은 한 줄 질문 수천 건이 축적되었다.

그리고 마침 『태양을 멈춘 사람들』 출간 이후 출판사에서 '한 줄 질문'을 책으로 만들어볼 것을 권했다. 처음엔 약간 망설여졌다. 대화로 이루어진 상호작용을 문자로 바꾸는 작업이 결코 용이하지 않을 것이기 때문이었다. 공연히 글로 바꾸어 자칫 본래의 느낌을 잃어버리고 잡다한 상식의 나열에 그치고 싶진 않았기에 잠깐의 고민이 지나갔다. 하지만 학생들의 생생한 질문들은 수업에서 일회성으로 언급하고 지나가기에는 아까운 내용들이 분명히 많았다. 그리고 오늘의 한국 대학생들이 어떤 고민과 생각들을 가지고 있는지 좀 더 많은 이들에게 전달하는 작업도 상호이해와 소통에 도움이 될 수 있을 것이고, 교육에 종사하는 분들과 과학기술자를 꿈꾸는 다양한 인재들에게 충분히 유용한 사례들을 제시할 수 있을 듯하였다. '한 줄 질문'을 문자로 남기는 것이 나름의 가치가 분명해 보였기에 겸연쩍지만 용기 내어 출판을 결심했다. 그래서 먼저 그간 모인 한 줄 질문 중 최근 것인 2015년에서 2016년 상반기 사이 일 년 반 동안의 한 줄 질문들을 모아 글로 갈무리했다. 이중 수업내용과 강하게 연계된 것들은 어느 정도 제외하고, 많은 이들과 함께 나눠봄 직한 질문들을 추려 분류했다. 느슨하게 네 가지 주제로 나누어 엮었지만, 명확한 의미로 분류된 것은 아니다. 여기에 추가적인 정리 글들을 덧붙여 한 권의 책으로 내놓게 되었다.

'한 줄 질문'에는 필자가 강의하는 과목들의 특성상 과학기술에 관련된 내용이 많다. 그러나 과학에 대한 이야기는 학문에 어떻게 접근해야 하는지에 대한 맥락으로 연결되고, 결국은 우리 인생에 대한 이야기로 통하게 된다. 그래서 젊은 학생들의 생각이 궁금한 교육자, 자신의 고민에 대한 답을 발견할 수 있을까 싶은 학생, 과학에 대한 생각과 태도를 정리하고 싶은 과학도와 공학도들 모두에게 도움이 될 수 있을 것이라 감히 기대해본다.

그리고 책으로 편집되는 과정에서 당연히 내용의 잡다한 첨삭이 있었다는 점을 밝혀둔다. 한 줄 질문에 답하는 시간 속의 현장감을 살릴 수 있느냐가 관건이라는 생각이 들어서 처음에는 수업에서 답한 내용 그대로 전달을 생각했었지만, 글은 말과 다르다는 점을 고려할 수밖에 없었다. 중복되는 질문도 많았기 때문에 유사한 질문들은 대표질문으로 통합하고 내 답변들을 정리한 뒤 말미에 추가적인 내용을 덧붙이는 형태로 기획했다.

또 시간의 부족으로 제대로 대답해주지 못한 설명들도 추가되었다. 글로 표현하기에는 너무 강한 표현들은 온건하게(?) 가다듬었다.

비록 약간의 변형을 가했지만, 한 줄 질문 본연의 생생한 모습을 유지할 수 있도록 노력했다. 너무 무거운 느낌이 들지 않도록 일부러 '가벼운' 질문들을 섞어 실었으며, 수업시간의 분위기를 최대한 그대로 전달할 수 있도록 농담조의 어투들도 거의 그대로 옮겼고, 현장감을 살리기 위해 대화체 형식의 본래 리듬도 살려두었다. 그래서 큰 흐름은 모두 필자가 학생들에게 대답해준 실제 수업의 맥락을 따르고 있다. 아무쪼록 수업의 분위기가 잘 전달된 책이 되었기 바란다.

Q

한 줄 질문에 대한 조언[*]

한 줄 질문의 목표는 자신이 궁금한 것을 알아보자는 의미도 있지만, 자신과 같은 세대인 다른 학생들의 생각을 알 수 있는 좋은 기회이기도 합니다. 개인적으로는 수업 진도 내용보다 더 많은 도움을 학생들에게 줄 수 있다고 생각합니다. 그래서 나도 매번 일정한 시간을 할애해 답변을 준비하며 그럴 가치가 충분히 있습니다. 그러니 가급적 진지하게 질문을 작성해주기 바랍니다. 거의 전원이 실제 질문을 하지만 정말 질문거리가 없는 사람은 간단한 인사말이나 조언을 써주어도 됩니다. 일단 시험범위의 진도 내용과 관련이 있거나 간단히 답할 수 있는 구체적인 내용들을 먼저 대답하고, 진지하고 묵직하거나 철학적인 내용들은 나중에 대답하도록 하겠습니다.

---

[*] 한 줄 질문을 받을 때는 다음과 같은 요지의 설명을 학생들에게 덧붙인다.

그리고 질문을 할 때는 최대한 명확한 단어를 사용해 구체적이고 논리적인 질문을 하기 바랍니다. 너무 광범위하거나 추상적이고 형이상학적인 질문은 대답을 할 수 없습니다. 모호한 질문은 모호한 답을 얻을 수밖에 없습니다. 특히 자신이 사용하고 있는 단어들의 모호성에 대해 생각해보기 바랍니다. 예를 들어 과학, 신, 철학, 인문학 같은 단어들은 볼펜, 자전거, 이순신, 울릉도 같은 단어와는 다릅니다. 사람에 따라 전혀 다른 정의와 범주를 가진 단어를 사용할 때는 문장 전체의 맥락에 더 신경을 써야 합니다. 사용자의 맥락과 상황에 따라 단어의 의미는 크게 달라집니다.

예를 들어 과학이란 단어는 다음과 같이 다양하게 쓰입니다.

'네가 하는 말은 비과학적이다'

'풍수지리학도 과학적인 부분이 많다'

'기초과학이 발전해야 응용기술이 발전한다'

앞의 세 문장 속에서 '과학'은 각각 전혀 다른 의미로 사용된 것입니다. 각각, '올바른 것', '합리적인 것', 좁은 의미의 'science'로 사용되었습니다. 그만큼 과학이란 단어의 용례는 다양합니다. 문장의 맥락 속에서 과학이란 단어를 생각해야 합니다. 말은 인간 사이의 약속이기 때문에 먼저 상대가 사용하는 용어의 의미를 이해하고, 내 뜻이 왜곡되지 않게 상대에게 전달하는 역량을 키울 필요가 있습니다.

올바른 질문법에 대해 조언하려니 내가 대학생이었을 때 들었던 재미있는 이야기가 하나 떠오릅니다. 대학생과 석사, 박사 과정의 특성을 비교하는 우스개입니다.

처음 대학에 입학하면 신입생들은 답에 이르는 아주 빠른 길을 배울 것이라고 생각한답니다. 왜냐하면 고등학교를 졸업할 때까지 배운 내용이 답을 빨리 찾는 것이었으니까요. 그런데 대학에서는 전혀 다른 것을 가르쳐준답니다. 대학에서는 신기하게도 답에 이르는 여러 가지 '다른 길'을 배웁니다. 그래서 열심히 공부해서 대학을 졸업하고 대학원에 가는 학생들은 이번에 대학원에서는 얼마나 다양한 다른 길을 가르쳐줄까 생각하며 입학을 한답니다. 하지만 이번에도 대학원에서는 전혀 다른 것을 가르칩니다. 바로 '답 자체가 여러 개'라는 것을 가르쳐줍니다. 혼란 속에 다양한 답을 배우며 석사를 받고 박사과정에 입학하면 이번에는 얼마나 다양한 답을 배우게 될까 기대에 부푼다고 합니다. 그런데 어이없게도 박사과정은 단 하나밖에 안 가르쳐준답니다. 바로 현재 '내 질문이 잘못되었다'는 것만 가르쳐줍니다. 그래서 결국 박사학위를 받게 되는데 결국 박사는 질문하는 법을 알게 된 사람이라는 얘기입니다. 박사가 되면 이제야 스스로 질문하며 밥벌이를 해도 되는 자격을 인정받은 것입니다.

오래전 들은 이 우스개는 학문하는 방법론을 배워가는 과정을 잘 요약해줍니다. 질문하는 법을 배우는 것이 학문의 길입니다. 그만큼 제대로 질문하는 것은 어려운 일이고, 질문이 잘 이루어지면 답은 저절로 찾아집니다. 연구 질문이 제대로 이루어졌을 때 연구는 완성될 수 있고 자신의 인생에 대해 적절한 질문을 던질 수 있을 때 생의 행복과 가치도 찾아질 겁니다. 자신의 질문과 다른 학

생들의 질문을 살펴보면서 올바른 질문의 유형에 대해서도 고민
해보기 바랍니다.

그리고 내 가치관과 의견을 묻는 경우들이 있는데 물론 대답을
해줄 수는 있습니다. 하지만 매우 신중하고 조심스럽게 얘기하고
자 노력할 것입니다. 내 가치관과 시각을 여러분들이 받아들여야
할 필요는 당연히 없음에도 교수자의 시각은 학생에게 큰 영향을
미친다는 것을 알기 때문입니다. 기본적으로 교수자는 중립적 사
회자의 역할을 맡는 것이 옳다고 생각합니다. 그래서 내 답변이 두
루뭉술하고 싱겁게 느껴질지도 모릅니다. 하지만 여러분에게 전
달해야 하는 것은 나의 판단이 아니라 다양한 관점들이고, 여러분
들이 좀 더 폭넓은 시야를 가지고 자신의 판단력을 기를 수 있도록
해주는 것이 나의 일입니다. 나는 여러분을 고민하게 만드는 사람
이지 결론을 내려주고 편하게 쉬게 해주는 사람이어서는 안 된다
고 생각합니다. 대학은 고민하게 하고, 고민하는 방법을 가르쳐줘
야 합니다.

그 정도를 염두에 두고 한 줄 질문을 편안하게 작성해보기 바랍
니다.

과학에 대한
사회적 논쟁과 오해들

1

· 전 신이 없다고 생각하는데, 선생님은 있다고 생각하시나요?
· 한의학은 기본적으로 사람의 체질과 기의 흐름등을 조절하고 통제하는 등의 치료 요법으로 병을 치료하는 것으로 이해하고 있습니다. 그렇다면 한의학은 과학적인 것이라고 할 수 있을까요?
· 과학적 무지로 인해 엉뚱한 종교적 주장을 내놓은 경우의 재밌는 사례가 있을까요?
· 유전자를 선택할 수 있다면, 어떤 유전자를 선택하고, 어떤 유전자를 기피해야 할까요?
· 우생학이 없었다면 나치의 대학살은 막을 수 있었을까요?
· 유전자의 영향을 무시하는 것은 아니지만, 성공 확률이 현재로선 거의 없는 배아 치료 등의 연구들을 계속 진행하는 것이 얼마나 의미 있는 일일까요?

?

신앙심 강한 기독교인 친구가 진화론이 틀렸다고 계속 얘기합니다. 진화론이 틀렸다고 주장하는 과학자들도 있다고 하던데 교수님의 주관적인 생각은 어떠신지, 그리고 전 신이 없다고 생각하는데, 있다고 생각하시나요?

1학년 학생의 질문이네요. 사실 유신론과 무신론에 대해서는 아주 많은 질문이 나옵니다. 내가 펴낸 『한 줄 질문』 1권에 이미 길게 대답을 했으니 그 부분들을 살펴보면 될 겁니다. 어쨌든 친구와 얘기할 때 신이 없다고 얘기하기 전에 자신이 말한 그 신이 뭔지부터 서로 설명해야 된다는 것을 분명히 기억해두기 바랍니다. 그러지 않으면 끝나지 않을 말꼬리 잡기의 향연이 계속될 뿐입니다. (웃음) 세칭 창조진화논쟁에 대해서는 제 '주관적인' 생각을 특별히 길게 얘기할 필요는 없을 것 같습니다. 사실을 얘기해주면 충분하니까요.

진화론이 틀렸다고 주장하는 사람들은 '일부' 있습니다. 동시에 상대성이론이나 양자역학에 대해서도 틀렸다고 생각하는 과학자들도 마찬가지로 있습니다. 단 현재 그 과학자들의 주장이 보편적 주장으로 인정받고 있느냐가 문제일 겁니다. 내 생각으로는 당연히 상대성이론이 틀렸다고 주장할 수 있고, 진화론이 틀렸다고 주장할 수 있습니다. 다양한 주장과 이론에 열려 있는 것이 과학적 태도입니다.

하지만 분명한 것은 지금 현재 상황에서는 상대성이론이 옳다는 것을 증명해야 하는 것이 아니라 틀렸다는 것을 증명해야 하는 것처럼, 진화론이 틀렸다는 것을 설득해야 하는 쪽은 반진화론자 쪽이라는 겁니다. 진화론이 주류 과학이니까요. 그리고 내가 창조론자라고 표현하지 않고 반진화론자라고 표현했는데, 진화라는 방법으로 창조되었다고 믿는 사람들도 많이 있고 그들도 분명히 '창조론자'이니, 진화론에 반대하는 사람들을 '창조론자'라고 부르거나 진화가 사실이냐는 논쟁을 '창조진화논쟁'이라고 부르는 대중적 표현들은 정확히 맞는 표현은 아니라고 생각합니다. 간단한 '주관적' 입장 정리가 되었을까요? (웃음)

?

과학과 종교라는 주제는 창조진화논쟁을 피해
갈 수 없다는 생각이 듭니다. 저는 세 가지 이유
로 창조론에 대해 거부감이 듭니다. 첫째, 6000
년 전에 세상을 만들었다는데 공룡화석은 무엇
이며, 둘째, 아담과 이브의 자녀들이 근친상간으
로 자녀를 만든 것인지, 셋째, 운동장 반만 한 노
아의 방주에 그 많은 동물을 태웠다는 이야기.
이 세 가지 이유가 창조론에 대한 거부반응을 불
러일으킵니다. 다양한 사고를 할 수 있게 이에
대한 반박(?) 정보 같은 것이 있다면 알고 싶습
니다. 교회를 모욕하는 내용이 아닙니다. 오해
가 두려우니 꼭 익명으로 해주세요.

음……일단 질문자가 정말 뭔가 크게 무서워하는 것 같습니
다. 이 질문 정도가 그렇게 뭔가 '오해' 받는 것이 두려운 정도의
대단한 질문인지 모르겠습니다. 뭔가 모욕하는 내용도 없고요.
(웃음) 아주 자연스러운 질문 정도이니 앞으로는 조금 더 마음
을 열고 남들과 대화를 나눌 수 있기 바랍니다. 이 정도 내용에

뭔가 '저주'의 말을 하는 사람이 있다면 분명히 그 사람이 잘못된 겁니다. 그간 누굴 만났는지 모르겠지만, 수많은 기독교인들이 비기독교인들에게 친절히 전도하려고 하지, 창조론을 믿지 않는다고 사탄 취급하지는 않습니다. 사실 그 자체가 오해입니다.

그리고 창조론 반대근거로 '겨우' 세 가지 특수 사례를 들었다는 점에서 질문자가 만났던 사람들이 알고 있었던 수준, 대화의 내용, 질문자의 진화론 이해 정도가 사실 어느 정도 짐작이 갑니다. 각론에서 상호 수천 가지 반대 사례를 들 수 있습니다. 하지만 이 시간에 그런 이야기들로 시간낭비를 할 필요는 없을 것 같습니다. 미국의 100년이 넘는 창조진화논쟁—나는 진화-반진화 논쟁이라고 부릅니다만—은 서로 '혈전'을 주고받으며 지금은 상호간 상당히 세련된 수준의 논쟁으로 옮겨갔습니다.

가끔 인터넷에 떠도는 내용들을 볼 때가 있습니다만, 대부분 20세기 초반에나 주고받던 이미 '끝난' 내용들을 가지고 다시 언급하는 정도입니다. 시중에도 이런 논쟁에 대한 책은 많이 나와 있습니다. 단 한 권만 읽어도 그런 수준의 유치한 논쟁에 시간낭비는 하지 않을 겁니다. 생각해보세요. 진지한 사명감을 가지고 진화론이 틀렸다는 주장을 하려는 사람이면, 하다못해 진화론이 뭔지 책 한 권은 살펴봤을 것이며, 반대의 경우도 마찬가지겠지요.

문제는 인터넷에서는 거의 단 한 권의 책도 읽지 않은 사람들이 똑같은 수준의 내용들을 주고받는 데 있습니다. 그런 것을 자꾸 보다보면 논쟁이 그 수준 정도인 줄 알게 되는 거구요. 무식이 용감하다는 말이 있죠? 공부하지 않았기 때문입니다. 굳이 창조진화논쟁에 관한 것이 아니어도 그 정도밖에 안 되는, 전혀 노력하지 않은 정보들에는 시간을 낭비하지 말기 바랍니다. 옥석을 가리기 힘들다면 그래도 책이 낫습니다.

그리고 또 하나, 진화론이 틀렸다고 해서 창조가 맞는 것도 아니고, 창조되었다고 해서 진화되지 않았다는 것도 아닙니다. 일단 상호배타적인 내용이 아니라는 것입니다. 그런데, '자칭 창조론자'는 진화론이 틀린 것만 얘기하고, '자칭 진화론자'는 창조론의 어리석음만 얘기한다면, 사실 그들은 그냥 '반진화론자'와 '반창조론자'인 것이지 창조론자와 진화론자는 아닌 것이겠지요. 먼저 그런 것들을 생각해보고 이 논쟁에 접근해야 할 겁니다.

그리고 이해를 돕기 위해 미국에서의 창조진화논쟁 역사를 간단히 요약해주겠습니다. 거칠게 요약하면 20세기 초까지는 진화론을 학교교육에서 가르치지 말자는 논쟁이 있었습니다. 그리고 실제 몇 개 주에서 이런 법령들을 만들었습니다. 이런 주 법령들이 연방법원에서 위헌판결을 받자, 20세기 중반에는 학교에서 진화론과 창조론을 같은 시간에 가르치자는 이른바 '동등시간법' 논쟁이 발생합니다. 그런데 창조론은 과학이 아니고 종교이며, 종교의 자유를 보장하는 미국에서 특정 종교 교리를 가르치는 것은 위헌이라는 판결이 나오게 됩니다.

그러자 1990년대 이후로 가면 '신'이란 단어를 언급하지 않는 이른바 생명체들은 진화된 것이 아니라 지적인 존재에 의해 설계된 것이라고 주장하는 '지적 설계 가설'이 등장합니다. 그리고 지적설계가설은 신을 언급하지 않으니 과학이라는 주장이 당연히 따라왔고요. 물론 뉘앙스 안에는 그 지적인 존재가 신이라는 암시는 이미 깔려 있습니다. 이후도 보수적으로 분류될 수 있는 중서부 주들에서 진화론 자체를 금지하진 못하지만 최소한 '주립대학 입학시험 문제' 정도에는 진화론이 나오지 못하게 하려는 사소한 시도들도 계속됩니다. 그렇게 미국에서는 아직도 맹렬하게 다양한 논쟁이 진행 중입니다.

이 설명에서 몇 가지 사실을 알 수 있을 겁니다. 일단 창조론 진영에서도 법리적 공방에 따라 치열하게 대응해 간 셈이고, 한 번에 진화론 공격이 불가능함도 잘 알고 있다는 겁니다. 그리고 어디에서도 분명 주류과학은 진화론이며, 증거를 제시해야 하는 쪽은 진화론이 틀렸다고 주장하는 사람 쪽이라는 것도 분명합니다. 현재 미국인들의 다수는 기독교인으로서의 정체성을 가지고 있습니다. 그리고 여러 설문조사들에서 약간씩의 차이는 있지만 그 기독교인들 중 거의 절반 정도가 진화론이 틀렸다고 생각합니다. 나머지 절반은 창조가 진화라는 방식에 의해 이루어졌다고 생각하는 것이고요. 여러분이 알고 있는 창조진화 논쟁은 정확히는 '유신론적 반진화론자들'과 '유물론적 진화론자들'의 논쟁입니다.

주장은 다양하게 할 수 있겠지만 현재까지의 이런 상황에 대해서는 정확한 이해가 필요합니다. 그래야 제대로 된 논쟁이 가능하겠지요.

그리고 창조진화논쟁은 분명히 종교와 과학 간 관계성의 극히 일부에 대한 얘기일 뿐입니다. 훨씬 방대한 이야기들이 '종교와 과학'이라는 주제와 연관되어 있습니다. 이 정도 '작은' 내용에 그 거대한 주제를 섣불리 판단하지는 말기 바랍니다. '두려움 속에' 질문한 학생에게 도움이 되었기 바랍니다. (웃음)

예전에 진화론에 반대하는 입장의 사람이 이런 질문을 한 것을 보았습니다. "사람이 진화론에 의해 만들어졌으면 왜 현재는 원숭이가 사람이 되는 모습을 전혀 볼 수 없는가? 진화론에서 말하는 사람으로까지의 진화 단계 중 어느 것도 우리 눈으로 볼 수 없었다." 이 말은 꽤 그럴싸하게 들렸습니다. 진화론적 입장에서 위의 내용을 반박할 수 있는 의견이 있을지 교수님께 여쭙니다.

많은 사람들이 자신이 진화론을 안다고 착각합니다. 상대성 이론 같은 것은 복잡한 수학이 포함되어 있으니 당연히 모른다고 생각하면서도 진화론은 수학이 없어 이해하기 쉽다고 생각하지요. 사실 진화론과 관련된 논쟁이 많은 까닭이 바로 그것 때문입니다. 물론 어느 정도 수준의 제대로 된 극소수 논쟁은 제외하구요. 정확히는 진화론은 결코 쉽지 않고 수학도 많이 개입되어 있습니다.

일단 위의 내용이 그럴싸하게 들린 이유는 질문한 학생이 진화론을 모르기 때문입니다. 그 사실을 먼저 분명하게 알아야 합니다. 그 내용 중 진화론과 관련된 내용은 아무것도 없습니다. 그러니 전혀 엉뚱한 것을 진화론이라고 부르는 허수아비 논증에 속고 있는 것뿐입니다. 조금 더 정확히 표현하면 그 반론은 19세기 다윈이 진화론을 주장했을 때 처음 나온 반론들 중 하나입니다. 별로 진화론을 공부하지 않은 사람들이 성급하고 즉흥적으로 얘기해서 진화론 진영에 두고두고 재미있는 웃음거리를 제공한 정도의 내용이구요. 지금은 다 지나간 이야기고 창조론 학자 진영에서도 그런 유치한 이야기를 하지 않은 지 100년 정도는 지났습니다. 현재의 창조진화논쟁은 훨씬 세련된 단계에서 이루어집니다.

진화론은 사람이 원숭이에서 진화되었다고 한 적이 없고, 어떤 진화가 '항상' 일어나야 한다고 주장한 적이 없습니다. 굳이 그 내용과 유사한 반론을 언급한다면 미싱링크(missing link) 문제인데 왜 진화의 중간단계 화석이 없느냐는 것입니다. 화석증거들을 보면 뚜렷이 종간 분리가 확실히 있는 것 같고 진화되는 중간단계는 없지 않느냐는 것인데, 일단 이런 부분은 단속 평형설 같은 현대 진화론에 따르면 너무 당연한 것이 됩니다. 진화가 여러 요인으로 급격히 빠르게 이루어지면 짧은 시간에 전혀 다른 종이 된 것처럼 보일 수 있고, 화석은 특수한 경우에 남게 되니 중간 단계는 당연히 발견되기 힘들다는 답이 가능합니다. 물론 이 정도가 단속평형설이 옳다는 근거 또한 되지 않습니다. 단지 설명되지 않는 것은 아니라는 것이지요. 사실 어느 정도 제대

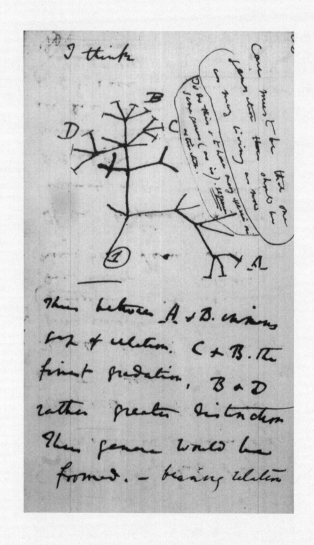

진화론은 사람이 원숭이에서 진화되었다고 한 적이 없고, 어떤 진화가 '항상' 일어나야 한다고 주장한 적이 없습니다. 굳이 그 내용과 유사한 반론을 언급한다면 미싱링크(missing link) 문제인데 왜 진화의 중간단계 화석이 없느냐는 것입니다. 다윈의 진화의 나무 스케치.

로 진화론을 이해하려면 쉽게 나온 관련 책을 한 권쯤 읽어보는 것이 좋습니다. 계속 얘기하지만 어떤 주제에 대해서 책을 한 권이라도 읽고 얘기하면 전혀 다른 차원의 이야기가 가능해집니다.

과학과 종교에 대해 이야기하실 때 조심스럽지
않으신지요?

이 질문도 재미있네요. 한 번도 그렇게 생각 안 해봤습니다.
그럴만한 얘기를 한 적도 없는 것 같고요. 내가 누군가를 비난한
것이라도 있었나요? (웃음) 혹시 친구가 '나 불교도야' 그러면
왕따를 시키시나요? '나 무신론자야' 그러면 때리고 싶어지던가
요? 만약 그러면 치료가 필요합니다.

우리나라는 종교의 자유가 있는 국가인 걸로 압니다. 세상을
너무 무섭게 생각하는 것 같습니다. (웃음) 그리고 누군가를 공
격한 것도 아니고 옳다고 생각한 얘기를 하는 건데 무슨 문제가
되는 걸까요? 반론이 있으면 들어보면 되는 겁니다. 그래서 배울
만하면 배우고 내 생각을 바꾸면 되지요. 그런 과정에서 문제가
생긴다면 최소한 그것은 나의 문제가 아니지 않습니까? 그 정도
는 학문을 하겠다면 최소한 유지해야 하는 태도라고 봅니다.

?

제가 알고 있는 지식으로는 동물과 인간은 생명의 탄생부터 지금까지 계속해서 진화해왔고, 지금 현재도 환경에 맞게 진화가 진행 중인 것으로 알고 있습니다. 그래서 저는 인간은 단지 다른 생명체에 비해 지능이 조금 더 높은 동물이라고 생각하고 있습니다. 제 개인적 생각으로는 유전자 변형이나 조작 등은 지능이 조금 더 높은 인간이 현재 관점에 맞게 스스로를 진화시키는 과정이라고 생각하는데, 이 점에 대해 교수님이 알고 계신 정보를 바탕으로 의견을 듣고 싶습니다.

제가 가진 정보와 상관없이 그 말 그대로입니다. 그렇게 생각할 수 있다는 것이지요. 하지만 누군가는 이 말을 듣고 당혹해할 겁니다. 동일한 내용을 알고서도 그렇게 다양한 생각들이 있다는 것을 아는 것이 공부의 출발점입니다.

먼저 진화라는 말부터 정리해봅시다. 진화라는 단어도 과학만큼이나 의미가 다양하게 쓰입니다. 그래서 생물학자들은 진화라는 단어를 엄밀히 정의해서 사용합니다. 일상적으로는 '별의 진화', '정치제도의 진화', '걸그룹의 진화' 같은 표현이 모두 가능합니다. 틀린 것도 아니고요. 하지만 생물학에서는 특정 종 집단 내의 유전자 풀(pool)의 변화라고 정확히 정의해서 씁니다. 사실 생물학계에 진화라는 단어를 가지고 그간 시비 걸기가 너무나 많았기 때문에 아주 정확하고 좁은 정의를 사용하는 것이기도 합니다. 먼저 이 정의대로면 질문자의 말대로 인간 유전자 조작은 인간의 진화임이 분명합니다.

자, 그럼 진화가 영어로 뭐죠? (학생들: "evolution") 맞습니다. 그러면 진화의 반대말이 뭐죠? (학생들: "퇴화") 좋습니다. 그럼 evolution의 반대말이 뭐죠? (학생들: "……") 생각 안 나죠? 진화와 evolution이 같은 의미가 아니라는 것을 이제야 알게 되는 겁니다. 진화는 진보적 변화입니다. 뭔가 '좋은 쪽'으로 바뀌는 겁니다. 즉 진화는 '좋은 것'입니다. 퇴화는 뭔가 뒷걸음친다는 의미가 분명히 있지요. 이미 가치가 개입되어 있는 단어들입니다.

evolution은 아닙니다. 진화도 퇴화도 모두 evolution입니다. 유전자 조성이 바뀌면 모두 evolution입니다. 이 말을 왜 하느냐 하면 특히 한국 사람들은 '진화하면 좋은 것'이라는 뉘앙스를 자신의 말 안에 넣어 쓰면서도 막상 잘 못 느끼고 있지요. '생물학적 진화' 즉, evolution은 DNA 조성이 바뀌기만 하면 인간이 좀비가 되어도, 인간이 바퀴벌레 같은 것이 되어도 다 '진화'라는 거지요.

문제는 이 부분입니다. 좀비가 되거나 바퀴벌레가 되고 싶은 학생 있나요? 아무도 없지요? 질문한 학생도 분명히 그럴 겁니다. 좀비는 잘 죽지도 않아서 생존능력이 뛰어나고, 바퀴벌레는 발군의 번식력을 가진 '강력한' 종들인데 왜 그런 존재가 되고 싶지 않나요? 자, 뭔가로 진화되는 게 좋아진 것인가요? 나빠진 것인가요? 그 '더 좋아짐'의 규정이 쉽지 않다는 것을 알아야 합니다. 여러분들이 좀비나 바퀴벌레가 되고 싶지 않은 것은 뭔가 그것이 인간적이지 않거나 인류가 추구하는 변화 방향이 아니기 때문입니다.

질문한 학생이 정의하는 인간다움과 다른 사람이 정의한 인간다움에 미묘한 차이가 있을 수도 있습니다. 그리고 유전자 조작의 결과 현재의 우리가 끔찍하게 생각하는 무엇으로 우리가 변하게 되어서는 안 될 것이고요. 즉 질문자가 생각한 진화조차도 분명히 '인간다움을 유지한 더 좋은 변화의 추구'입니다. 그것이 만족되는 진화라면 나도 적극 찬성합니다. 그런데 그것이 얼마나 어려운 일이고, 과학 이외에 얼마나 많은 것에 서로 합의해야 하는 일인지를 생각할 수 있어야 합니다.

?

한의학은 기본적으로 사람의 체질과 기의 흐름
등을 조절하고 통제하는 등의 치료 요법으로 병
을 치료하는 것으로 이해하고 있습니다. 그렇다
면 한의학은 과학적인 것이라고 할 수 있을까요?
어쩌면 그동안의 임상데이터에 근거한 치료이고
서양의학처럼 과학적으로 증명되어 눈에 보이는
것이 아닐 수도 있지 않나 하는 생각입니다.

단골질문이 나왔습니다. 질문자가 생각하는 '과학'의 정의에
따라 달라질 뿐이라고 여러 번 대답했던 질문이지만 구체적인
질문이라 몇 가지 덧붙여보겠습니다.

한의학의 과학성 논쟁은 흔히 과학이 무엇인지 학자들끼리
정의할 때도 단골사례로 많이 언급됩니다. 우스개로 표현할 때
'한의학은 의사에게 물으면 과학이 아니고, 한의사에게 물으면
과학이다'라고 얘기하곤 합니다. 이 논쟁은 분명히 진영논리가
발생할 수 있고, 과학이라는 단어의 위상이 매우 높기 때문에 나
오는 우스개입니다. 그리고 그만큼 과학은 다양하게 해석될 수
있습니다.『한 줄 질문』 1권에서 그 기본적인 설명은 했으니, 조

금 더 얘기를 진행해보겠습니다.

한의학은 science냐고 물으면 분명 유럽의 물리화학적 설명에 기반하고 있지 않으니 좁은 의미의 과학 즉, science는 아닐 겁니다. 하지만 대중에게 과학은 보통 '합리적이고, 충분한 이론에 의해 뒷받침되고 있는, 효과가 있는, 믿을 만한 것'의 의미 정도를 담고 있습니다. 그런 의미에서 한의학은 분명 과학입니다. 전통적인 음양오행사상에 기반해서, 복잡한 이론체계에 의해 동작하고 있는, 경험상 효과가 있는, 상당한 신뢰성을 가진 의학 체계입니다. 그것이 서양의학과 비교해 얼마나 '더나 덜' 과학적인지에 대한 각론은 있을지라도 말이죠.

그리고 임상데이터에 의한 치료라는 것은 서양의학도 마찬가지입니다. 확률과 경험을 믿는 것은 분명히 과학적 태도입니다. 질문 안에 그런 것은 과학이 아니다라는 생각이 포함되어 있는 것 같아 부연합니다.

또 의학은 과학이기도 하고 숙련 기술이기도 합니다. 즉 이론상 분명한 대응치료법도 있지만, 의사 개인의 숙련도에 따라 진단과 치료효과는 전혀 다르게 나타나지요. 사실 이런 부분은 의사를 만났는지, 한의사를 만났는지보다는 '제대로 숙련된' 의사나 한의사를 만났는지에 더 많이 관련되어 있습니다. 즉 의사가 '이 수술이 성공할 확률은 30% 미만입니다'라고 얘기하는 것은 과학이고, 한의사가 '열에 아홉은 죽는 병이다'라고 말하는 것은 과학이 아닌 것이 아니라, 둘 다 자신의 기술과 경험상 치료하기 힘들다는 표현에 불과한 겁니다. 그러니 어떤 의학 전체가 과학이냐 아니냐라고 보기보다는 과학이 그 의학체계 내에 포함되어 있다 정도로 받아들이는 것이 맞을 겁니다.

물론 어느 정도 과학이 포함되어 있느냐의 질문에서라면, 표준화가 이루어진 정도는 분명 한의학이 약하겠지요. 그래서 한의사간 역량의 개인차가 큰 것이구요. 즉 그만큼 과학성이 약하다는 표현은 가능할 겁니다. 문제는 그것이 한의학이 틀렸다는 표현은 절대 아니라는 것이지요. 그리고 같은 표현은 심리학에서도 가능합니다. 심리학의 개별 이론들이 과연 과학적이냐는 것은 논란의 여지는 있지만 심리학은 분명히 효과가 있고 잘 사용되고 있습니다.

또 하나 재미있는 것은 제도상의 문제입니다. 제도로 보아 한국에서 한의학은 분명히 과학입니다. 일단 한의대가 있고 한의사의 국가자격증이 있으니까요. 공식적으로 한국정부는 한의학을 과학으로 인정한 셈입니다. 그리고 또 하나 특징은 의학과 한의학이 철저하게 분리되어 있다는 것입니다. 제도상으로도 철저히 분리되어 있고 학문적으로도 상호 교류는 거의 없습니다. 그만큼 다른 학문이기 때문인 것도 사실이지만 사실 이 부분은 제도상의 문제가 큽니다.

예를 들어 중국의 경우는 중의학과 서양의학이 같은 병원 내에서 협진을 합니다. 맹장수술을 할 때도 침으로 마취를 하고, 서양의학의 방법을 따라 수술을 진행합니다. 서로의 장점을 결합하고 있는 셈입니다. 우리가 좀 더 살펴봐야 할 부분이라고 생각합니다. 그런 발전의 가능성들이 '한의학은 과학인가요?'로 단순화된 질문 속에서는 제한될 수밖에 없겠지요? 그래서 언제나 강조하지만 우리는 계속해서 질문 자체를 재검토하고 바꿔갈 필요가 있습니다.

?

과학을 전공한 분의 입장에선 낙태를 어떻게 생
각하십니까? 금지해야 할까요, 허용해야 할까
요?

먼저 저는 과학을 전공하지 않고 과학사를 전공했습니다. 조
금 다릅니다. (웃음) 그리고 내 생각으론 이 질문에 답을 하는 데
과학의 전공 유무가 별로 영향을 줄 것 같지 않습니다. 그럼 일
단 답을 해보겠습니다.

많은 낙태가 현재도 이루어지고 있습니다. 국가 별로 불법인
곳도 있고, 합법인 곳도 있습니다. 누군가가 원인이 되거나 잘못
한 것이라고 규정하기 애매한 문제인 것도 우리 모두 잘 알고 있
습니다. 낙태 이유는 다양합니다. 부양할 자신이 없어서, 도덕적
지탄을 받기 싫어서, 의도하지 않은 임신이라서, 성폭행 등의 결
과여서, 혹은 출산이 산모의 생명에 치명적인 영향을 줄 수 있어
서 행할 수도 있습니다. 그리고 마지막 경우는 대부분의 국가가
그 필요성을 인정합니다. 사실 언제나 개별 경우에 따라 답은 다
달라집니다.

내 입장을 얘기하라면 절대 미혼모가 권장되어서는 안 되겠

지만, 사회 분위기가 미혼모의 출산에 온정적이라면, 그리고 생명경시 풍조가 적은 곳이라면 분명히 낙태는 줄어들 겁니다. 바로 그 분위기 자체가 중요합니다. 한 번에 단일한 방법으로 강제하겠다는 단순한 생각이 문제이지요.

> ?
>
> 갈릴레오처럼 잘못된 증거를 내세웠으나 대중에
> 게 새로운 과학이론에 대한 인식을 가져다 준 사
> 례가 있을까요?

과연 빅뱅이론이 맞을까요? 그리고 계속될까요? 그 답은 잘
모르지만 우주론에 대한 대중의 관심을 이끈 이론인 것은 분명
하겠지요. 그리고 진화론은 분명히 창조론 진영의 공격 덕택에
더 유명해진 것도 맞습니다. 그 정도들이 모두 사례겠지요?

과학적 무지로 인해 엉뚱한 종교적 주장을 내놓은 경우의 재밌는 사례를 들어주실 수 있을까요?

종교적 주장인지는 모르겠는데 '엉뚱한' 주장에 대한 생생한 사례 하나는 들어줄 수 있습니다. 우리가 배운 과학적 정량화에 관한 오해나 '과학의 탈을 쓴' 소문들에 대한 대표 사례가 될 수 있을 것 같아 준비해둔 이야기가 있습니다. 옛날에 집 우편물 함을 정리하며 전단지들을 모아 버리려다가 집근처 교회에서 온 전단지의 문단 하나가 눈에 들어왔습니다. '하나님은 초자연도 쉽습니다'라는 제목의 그 글은 교회의 한 '형제님'의 간증 글의 도입부였습니다. 조금 길더라도 직접 읽어주는 것이 충분히 의미가 있을 것 같습니다.

"저는 대학에서 공학을 전공했습니다. 실험과 데이터를 통해 이론을 만들고 정립해 나가는 것이 익숙합니다. 수리적 논증으로 사실을 확인해야 설득되거나 이해하는 것이 편한 두뇌입니다. 즉 무조건 말로만 믿으라는 것은 잘 안 됩니다."

과학사를 전공한 나로서는 당연히 이 부분이 눈에 들어왔습니다. 과학기술을 신뢰하는 공대생이 교회를 다니는 이유에 대한 진지한 간증 글이라고 생각하니 케이스 스터디가 될 듯해서 정독해보았습니다.

"그런데 성경에는 자연과학에 벗어나는 초자연적인 사건들의 기록이 있습니다. 그중 대표적인 것은 바로 태양과 달의 운행을 멈추게 한 사건이 아닌가 생각합니다······. 여호수아가 하나님께 기도합니다. 태양은 기브온에 머물고 달은 아얄론 골짜기에 머물라고 말입니다. 그런데 그 기도에 하나님이 응답하사, 그 날은 종일토록 날이 저물지 않게 하셨습니다. 그래서 이스라엘은 하나님의 명령대로 적군을 완전히 진멸할 수 있었습니다. 이 말씀을 처음 볼 때 대부분의 사람들은 '정말 이런 일이 일어났단 말인가? 그것이 가능하단 말인가? 혹시 수사법적인 과장법은 아닌가?'하는 생각이 듭니다······일상생활에서 이런 일을 쉽게 (신이) 행하신다는 것은 좀 심하다는 생각을 하는 것입니다."

여기까지 읽고 나니 꽤 흥미진진했습니다. 여호수아기의 사례를 든 '공대 출신' 글쓴이가 어떻게 말을 끌고 나갈지 궁금해졌습니다. 하지만 그 뒤의 내용은 다음과 같은 여러 면에서 '충격적인' 내용으로 끝났습니다.

"그래서 이 부분을 내심 신화라고 생각하는 그리스도인들도 있습니다. 그런데 미국에서 우주선을 개발하던 어떤 과학연구 팀이 우주행성궤도를 알기 위해 전자계산기로 태양의 궤도를 측정하던 중 놀라운 사실을 발견하게 됩니다. 즉 하루가 빈다는 것입니다. 24시간이 사라진 것입니다. 아무리 반복하여 정밀 계산을 해도 꼭 하루인 24시간의 행방이 묘연한 것입니다. 그래서 이 여호수아의 기록을 보고 그때를 돌려 계산하니, 그때 태양이 정확히 23시간 20분을 멈추었다는 놀라운 사실을 발견하게 됩니다. 그리고는 여호수아 시대에 정말 태양이 멈추었다는 사실, 더 정밀하게 말하면 지구의 자전이 멈추었다는 사실을 과학적으로 인정하게 된 것입니다. 그런데 그럼 40분은 어디에서 착오가 생겼을까요? 24시간 중에 40분은 얼마 안 되기에 계산이 틀릴 수가 있을까요? 아니었습니다. 그 40분은 훨씬 후대에 히스기야 왕 시대에 일어납니다……그때를 되돌려 보니 그때에는 해가 40분 뒤로 물러난 사건이 있었던 것입니다……그때 히스기야는 자기 병이 낫는 징표로서 일영표의 해 그림자를 뒤로 10도 물러나게 해주실 것을 요청합니다. 하나님은 정말 해 그림자를 뒤로 10도 물러나게 합니다. 그 일영표의 10도가 사라진 40분이 됩니다. 이처럼 신화와 같은 기적의 사건도 과학이 발달됨에 따라 사실임이 드러납니다. 우리에게 초자연적 기적이라도 하나님은 아무렇지 않고 쉽게 이루시는 자연적 사건일 뿐입니다……하나님에겐 모든 게 쉽습니다."

간증 글은 그렇게 끝났습니다. 먼저 이 글을 쓴 교회 형제님의 신앙심은 칭찬하고 싶고, 여호수아기의 문자적 기술이 실제 물리적 현상인지에 대한 부분도 따지고 싶지 않습니다. 내가 하고 싶은 말은 특정 종교에 관한 이야기가 아닙니다. 핵심 문제는 충분히 교육받은 공대 졸업생의 논거와 논증을 진행하는 과정입니다. 글쓴 분 개인의 문제가 아니라 글쓰기 교육, 과학적 사고의 훈련 모두가 교육체계 전반에서 얼마나 열악한 수준에 머물러 있는지 보여주는 사례라고 생각합니다.

일단 허무한 느낌으로 글 읽기를 마쳤음을 숨기지 않겠습니다. 이 글은 내가 항상 얘기하고 다니던 과학과 관련된 소문이 어떻게 구성되고 확장되고 왜곡되는지에 대한 대표적 사례에 해당할 종합판 글이었습니다. 먼저 글은 유언비어의 ABC를 충실히 지키고 있습니다. 신빙성을 높이기 위해 과학이 발전했을 것으로 보이는 '미국'의 '어느' 과학연구팀이 등장합니다. 물론 그 연구팀의 이름과 소재는 알 수 없습니다. 또 '하루가 빈다'는 문장의 의미는 어느 곳에도 설명되어 있지 않습니다. 뒤의 문맥으로 미루어볼 때 지난 역사시기의 언젠가 지구자전이 총합 24시간 정도 멈췄어야만 이 부분이 설명되는 것으로 보입니다.

그리고 여호수아 시기 정확히 23시간 20분이 멈추었다는 사실을 발견했다고 했는데 여호수아 시기가 정확히 언제인지도 학자들 간에 논쟁이 있다는 점은 생략하겠습니다. 만약 과학사상 이런 일이 증명된 적 있었다면, 수많은 신부님과 목사님들은 직무유기겠지요. 최소한 1억 명 정도의 신도를 교회로 이끌 수 있는 중요하고 충격적인 과학적 사실 아닙니까? 당연히 설령 이런 연구결과가 발표되었다 해도 과학적 신뢰성을 갖춘 사례로 받아들여지지 않았음은 분명합니다.

그리고 성경 어디에도 하루가 비어야 한다는 근거는 없습니다. 여호수아기에는 단지 '태양이 (일정 시간) 멈췄다'라는 부분만 있습니다. 이 부분은 내 책『태양을 멈춘 사람들』의 제목 아이디어를 제공한 부분이기도 하구요. (웃음) 그런데도 이 스토리가 악착같이 무모한 '24시간 지구 자전정지'를 주장하는 이유는 무엇일까요? 사실은 바로 이 부분이 전체 스토리의 생명력을 제공하는 가장 중요한 부분이기도 합니다.

내가 가장 덧붙이고 싶은 얘기가 바로 이 부분과 관련되어 있습니다. 이 이야기가 왜 계속해서 반복될까요? 이 유언비어는 스토리 안에 자신의 생명력을 지속시키는 교묘한 장치를 하나 내장하고 있기 때문입니다. 바로 '23시간 20분'과 '40분'의 조합입니다. 여호수아 시기 하루가 빈다는 얘기 정도였다면 어느 정도 지속되다가 소문은 자연스럽게 소멸했을 것입니다. 하지만 '23시간 20분'과 '40분'이라는 구체적인 숫자의 조합은 뭔가 '과학적이고' 그럴 듯하게 느껴집니다. 즉 '구체적 정량화'라는 맥락이 숨어 있는 것입니다. 이 소문이 기억되는 가장 중요한 이유입니다.

내가 보기에 이 이야기의 아이디어는 역으로 히스기야 왕의 이야기에서 나왔을 겁니다. 지구가 10도 자전하는 데 40분이 걸리는 것에 착안해 여호수아 시기 자전정지를 23시간 20분으로 짜맞추어, '정확히 하루'라는 그럴듯한 스토리가 완성되었을 것으로 보입니다. 그래서, 성경상 근거가 전혀 없음에도 '23시간 20분의 위대한 자전정지' 이야기는 과학의 이름하에 반복되는 것입니다.

사실 이런 유형의 이야기가 종교계에 미치는 영향은 단순한 대중의 불신을 넘어섭니다. 신이 지구자전을 멈추거나 뒤로 돌리는 것이 가능하다 할지라도 왜 굳이 그때 하필 여호수아와 히스기야의 기도만 들어주셨는지 전혀 납득되지 않는다는 사실 때문입니다. 예수님 때조차 없었던 전 우주적이고 천문학적 기적이 왜 그때만 있었는지에 대해 설명하지 않는다면, 이런 스토리가 자신이 믿는 신을 남들에게 매우 불공평하고 편협한 신으로 보이도록 만들고 있는 것은 아닌지 신중히 생각해봐야 할 겁니다.

성경의 위대함을 전하기 위해 꼭 지구가 멈췄어야 할 필요도 없고, 그것이 하필 24시간이어야 할 필요도 없습니다. 그럼에도 놀라운 생명력으로 이런 이야기는 재생산됩니다. 내가 봐서는 한두 명 신도들이 '쉽게 전도하고 싶은 심리'에서 출발합니다. 그런데 시간이 지나면 이미 많은 사람이 들은 상황이라 해당 종교단체 전체의 자존심의 문제가 되고 더 이상 바꿀 수 없는 신화가 되어버립니다. 국수주의가 애국이 아니고, 과잉충성이 충성이 아니듯, 과학의 도움을 받아 주장하기 전에, 먼저 과학의 눈으로 자기주장을 검토해보는 것이 훌륭한 종교적 태도라고 생각합니다.

덧붙이는 글

나중에 알게 된 사실이지만 사실 이 내용은 국내에서 출판된 성경에 버젓이 사례로 실려 있었다. 거기에는 논거가 더 구체적으로 기술되어 있었고, 아마도 위의 글을 쓴 사람은 이런 출판물을 읽다가 공공 출판물의 내용이니 그대로 믿어버린 듯하다. 출판된 성경에도 기록되어 있으니 꽤 광범위하게 유포된 내용으로 보인다.

모 성경의 여호수아 10장 내용에 대한 보충 설명에서는 "볼티모어 시 커티스 기계회사"가 등장하고, "우주관계 과학자들이 인공위성 궤도 작성을 위해 주요행성들의 궤도를 조사하던 중 컴퓨터가 다운되었고", 그 이유를 조사하던 중 "계산상 하루가 없어졌음을 발견"한다. 그래서 "여호수아 시대의 궤도를 조사해보니 23시간 20분 동안 궤도가 정지"되었다. 그리고 열왕기하 20장 8~11절 히스기야 관련 기록에서 "일영표가 10도 뒤로 물러갔다"라는 내용과 그것이 40분에 해당한다는 논리도 똑같이 등장하며 합치면 정확히 하루라는 얘기가 나온다.

다른 자료에는 몰튼이 쓴 『성경에 나타난 과학적 사실들』이란 책까지 언급되는데 아마도 이 책이 최초 진원지로 보인다. 필자가 확인한 것은 여기까지였다. 혹 '볼티모어 시 커티스 기계회사'에서 계산했다는 것이 도대체 뭔지 내가 이해할 수 있게 설명해줄 분이 있길 기다려본다.

?

유전자를 선택할 수 있다면, 어떤 유전자를 선택
하고, 어떤 유전자를 기피해야 할까요?

이 단골질문도 『한 줄 질문』 1권에서 답을 한 적이 있으니 기
본적인 부분은 찾아보기 바랍니다. 줄여서 표현하면 이 질문 안
에 문화가 개입하고 있습니다. 즉 답이 때에 따라 달라지지요.
먼저 어떤 특징이 과연 유전자와 관련 있는지 자체가 먼저 생각
되어야 할 부분입니다. 유니콘이라는 단어가 있지만, 유니콘이
실제로 있는 것은 아니지요? 단어가 있다고 그것이 반드시 존재
하지는 않음을 알아야 합니다. 과학은 색맹, 혈우병 유전자가 있
음을 밝혔습니다. 하지만 '우수한' 유전자는 없습니다. 우수하다
는 의미가 시대 문화에 따라 계속 바뀔 테니까요. 그런 것은 문
화가 결정합니다.

?

유전자 조작으로 지문을 변경하게 된다면 어떤 사회적 문제가 발생할지 궁금합니다.

　지문은 유전자 조작으로 바뀌지 않습니다. 일란성 쌍둥이도 지문은 다릅니다. 지금까지 지문이 같은 사람은 한 번도 나온 적 없습니다. 이런 사례도 유전자가 모든 것을 결정하지는 않는다는 것을 보여주는 사례구요.

?

남자와 여자가 더 좋은 조건의 이성을 선택하는 것도 우성 유전자를 원하는 원초적 본능 같은데 궁극적으로 이것도 우생학 아닌가요? 20세기 초 우생학자들의 연구를 나치가 활용했다고 일방적으로 우생학을 나쁜 것으로만 매도할 수는 없을 것 같습니다.

남녀의 이성선택에는 분명히 우생학의 논리구조와 유사한 것이 있습니다. 그래서 정서적으로 거부감이 들지만 과학적으로 반증하기는 힘들다는 것이 문제지요. 하지만 질문자가 예를 잘 든 것 같은데, 그렇게 '우수한' 배우자를 나름대로 골라 선택한 사람들의 1/3이 이혼하죠? 한국의 통계는 분명히 그렇습니다. 그렇다면 그 '본능'의 선택을 후회할 확률이 30%를 넘는 것이네요. 자신이 좋아하는, '우성'을 선택했다고 믿었는데 아니었던 것이구요. 물론 조금 단순화한 표현이지만요. 자, 그렇다면 우생학은 안 그럴까요? 반복적으로 얘기하지만 우생학자들이 훌륭한 특성이라고 부른 것이 과연 궁극적인 훌륭함일까요? 그리고 그 각 특성들이 모두 유전과 관련되어 있을까요? 생각해봐야 하는 것은 바로 이 부분이라는 겁니다.

나도 우생학을 일방적으로 매도할 생각은 없습니다. 하지만 드러난 사실로도 확실한 것은 당시 우생학자들은 분명히 검증되지 않은 추측을 사실로서 단정하고 있었습니다. 우수하고 똑똑한 부모 밑에서만 우수하고 똑똑한 자녀가 태어난다고 말이죠. 우수함도 정의하기 힘들고, 똑똑함도 유전인지 불확실한데 말입니다. 그런 것들은 별로 의문을 가지지 않았던 익숙한 관행적 가정이었을 뿐입니다. 그들은 몰랐지만 그것은 과학이 아니었습니다.

그리고 그런 주장을 했다고 나치와 똑같다는 식으로 표현해서도 물론 안 됩니다. 친 나치의 광신적 극소수 우생학자를 제외하면 대부분의 우생학자들은 대학살 같은 것을 염두에 두지 않았습니다. 그냥 똑똑한 사람들끼리의 결혼을 장려해서 그들이 많은 후손을 보도록 해야 한다는 완곡한 주장을 한 정도였죠. 하지만 그 정도의 온건한(?) 주장이 사회 분위기에 따라 얼마나 잔혹한 결과로 이어질 수 있는지도 두렵게 느껴야 합니다.

그리고 질문 안에는 '본능적인 것은 자연스러운 것이고 당연한 것이다'라는 전제가 포함되어 있습니다. 하지만 '그 본능이 도덕적으로 올바른 것인지, 현실적으로 그것만 본능인 것인지'라는 질문을 던져봐야 합니다. 승객을 버려두고 홀로 침몰하는 배를 빠져나온 선장은 '원초적 본능'대로 살고자 했을 뿐일 겁니다. 그런데 모두가 비난하지 않습니까? 침몰하는 타이타닉호에서 여성들에게 구명정의 자리를 양보한 신사들은 '원초적 본능'

대로 행동하지 않았습니다. 그런데 분명히 우리는 그 '원초적 본능'대로만 행하지 않은 사람들을 존경합니다. 그리고 그런 사람들이 많았을 때 그 국가와 사회는 발전했습니다.

그리고 한편 이렇게 볼 수 있습니다. 나를 버리고 내가 속한 사회를 위해 행동하는 것이야말로 동물의 단계를 넘어선 '인간적 본능'입니다. 희생에 대한 우리의 존경은 그것이 인류의 '본능적' 지향점이라는 것을 잘 알려줍니다. 인간은 사회적·윤리적 동물이니까요. 우생학은 그런 생각까지 안아내지 못했습니다. 조금 편하게 표현하자면 아직 미성숙한 학문이었고, 당시 인류의 문명수준이 딱 그 정도까지였음을 보여줄 뿐입니다. 그리고 모두가 걱정하는 대로 지금이 그때보다 인류의 도덕률이 월등히 발전했다는 증거는 없는 듯합니다. 그러니 우리는 고민하고 조심하고 노력해야 하는 것입니다.

하나 덧붙이겠습니다. 평강공주는 '온달이란 사람이 우성임을 알아보는 총명함'이 있어서 자신의 짝으로 선택했을까요? 내 생각으론 역사적 결론을 볼 때 온달도 평강공주도 진정한 '우성'이었던 것 같습니다. 여러분이 생각하는 우성은 무엇인가요? 그것을 진지하게 생각해봐야 할 것 같네요. 우생학자들은 바로 그 부분을 너무 짧게 생각했습니다.

?

우생학이 없었다면 나치의 대학살은 막을 수 있
었을까요?

글쎄요. 과연 그랬을까요? 중세 마녀사냥이 우생학에 기반했
나요? IS가 우생학에 기반해 사람을 죽이던가요? 내 생각으론
결국 나치는 어떻게든 '타당해 보이는 다른 그럴 듯한 과학적'
논리를 개발했을 겁니다.

?

플라톤의 『국가』에도 우생학적 기술이 나오고, 교수님이 강의하신 골턴(우생학의 창시자)의 '현명한 결혼'(자유연애에 의한 무작위적 결혼이 아니라 철저한 계획하에 우수한 남녀가 결혼하게 해서 뛰어난 후손을 많이 남길 수 있도록 하는 결혼)에 이르기까지 우생학은 고대부터 현대까지 끊임없이 논란이 되어왔습니다.

정자은행에서 우월한 유전자를 찾는 여성과 남녀가 만남에 있어 외모, 지능, 학력 등을 본다는 것은 어찌 보면 개개인의 무의식적 우생학의 발현이라고 생각합니다. 이 점으로 유추해볼 때 우생학의 회귀는 필연적으로 보입니다. 홀로코스트와 같은 끔찍한 재앙을 막기 위해 현대의 우리 모두가 고민해야 한다고 생각합니다. 이에 대한 교수님의 생각이 궁금합니다.

바로 앞의 질문과 유사하기도 해서 중복되는 답은 생략하겠습니다만 아주 훌륭한 질문입니다. 우리의 운명과 밀접한 관계가 있는 이런 사안들에 대해 이렇게 알아가야 하고 고민해야 하고 자꾸 들어보아야 한다는 것이 기본적인 답입니다. 만약 우생학의 가정들이 옳다면, 그 결론들은 그래도 옳은 부분이 있습니다. 하지만 구체적·궁극적으로는 아닙니다. 문제는 많은 이들이 문제의 핵심을 알아챌 때까지 깊이 있게 접근하지 않는다는 데 있습니다.

예전에 대놓고 '솔직히 심각한 문제가 있는 사람들은 안락사가 낫지 않습니까? 그들을 다 먹여 살리라는 것은 온정주의 아닌가요?'라는 질문도 들어봤습니다. 사실 섬찟했던 기억입니다. 그 질문자는 자신은 절대로 문제가 없는 사람이라는 전제가 있지요. 바로 이 무시무시한 오만이 문제입니다. 나치는 독일 국민 1/3의 지지를 받고 선거를 통해 합법적으로 정권을 획득했습니다. 오늘날의 대중의 심중 속 비율도 다를 것이라 보지 않습니다. 이것은 한편 절망이고 한편 희망입니다. 잠재적 나치가 1/3이나 있지만, 또한 그렇게 생각하지 않는 사람들이 여전히 과반은 되는 세상이니까요. 이 문명은 그 동물적 본능을 따르는 사람들과 인간만의 본능을 따르는 사람들 간의 역학관계에서 운명이 결정될 겁니다. 그리고 여러분 역시 그 운명 안에 있고요. 조금씩이라도 배우고 설득하며 앞으로 나아가기 위한 노력이 필요할 겁니다.

?

유전자의 영향을 무시하는 것은 아니지만, 성공 확률이 현재로선 거의 없는 배아 치료 등의 연구들을 계속 진행하는 것이 얼마나 의미 있는 일인지 궁금합니다. 가능성 높은 연구에 자원을 집중해야 하는 것 아닌지요?

생명과학기술은 파급효과가 큰 만큼 조심스러워야 하는 기술인 것도 분명합니다. 그래서 주의와 통제 속에 연구할 필요가 반드시 있지만, 그 이유가 성과가 나올 확률이 적어서라면 오히려 문제가 있다고 보입니다. 그리고 아마도 연구의 의미가 있다고 생각하는 사람들이 계속 연구해 갈 겁니다.

하나 예를 들어보지요. 인간이 달 착륙할 확률이 얼마나 된다고 고다드 같은 사람들은 20세기 초반에 로켓 연구 같은 것을 했을까요? 결국 그는 달 착륙은 보지 못했습니다. 하지만 그의 작업이 있었기에 인류는 달 착륙을 할 수 있었지요. 현재 혹은 가까운 시일 내에 성공확률이 없다고 연구하지 않았다면 현대 인류문명은 없었을 겁니다.

그리고 한편 이렇게 볼 수 있습니다. 나를 버리고 내가 속한 사회를 위해 행동하는 것이야말로 동물의 단계를 넘어선 '인간적 본능'입니다. 희생에 대한 우리의 존경은 그것이 인류의 '본능적' 지향점이라는 것을 잘 알려줍니다. 인간은 사회적·윤리적 동물이니까요. 우생학은 그런 생각까지 안아내지 못했습니다. 조금 편하게 표현하자면 아직 미성숙한 학문이었고, 당시 인류의 문명수준이 딱 그 정도까지였음을 보여줄 뿐입니다. 그리고 모두가 걱정 하는 대로 지금이 그때보다 인류의 도덕률이 월등히 발전했다는 증거는 없는 듯합니다. 그러니 우리는 고민하고 조심하고 노력해야 하는 것입니다.

과학기술에 대처하는
우리의 자세

2

· 과학기술을 경험적 시각과 이성적 시각으로 동시에 바라보는 자세는 불가능할까요?

· 미래에 로보캅처럼 전신이 기계로 된 사람이 나타날 수 있습니다. 이 경우 로봇이라 해야 할까요, 인간이라 봐야 할까요?

· 딥러닝의 선두주자인 구글 같은 경우 자신들이 마음만 먹으면 전 세계의 엄청난 빅 데이터를 얻을 수 있습니다. 그렇다면 이들이 전 세계인의 사생활을 침범할 가능성이 있는데, 이를 규제할 수 있는 방안은 없을까요?

· 광속은 돌파 불가능하다고 하셨는데, 〈스타워즈〉 같은 SF 영화 속 광속의 몇 배 속도로 이동하는 것은 철저한 허구인가요?

· 상대성이론의 시공간의 변화를 우리가 우주에 가지 않고도 느껴볼 방법은 없나요?

· 망원경이 발견되기 전 천문학자들은 지금의 행성들을 육안으로만 관찰해서 구별했나요? 그 당시에는 어떻게 수금화목토 행성을 구별했나요?

· 핵에 중성자를 쏘아 핵분열을 일으킬 수 있다면 모래를 금으로 바꾸는 연금술도 가능하지 않을까요?

?

현대기술이 빠르게 선진화, 고급화 되어감에 따라 상상 못한 오류들이 나타나고, 그 오류에 의한 피해도 규모가 커지고 있는데, 기술이 점점 발전한다면 그에 따른 제한도 있어야 하지 않을까요?

물론입니다. 당연히 과학기술은 고민하고 합의하면서 발전시켜야 합니다. 과학기술자들의 자율규제에만 맡겨두기에는 파급효과가 너무나 크기 때문입니다. 소달구지를 타고 가는 농민은 졸아도 되지만 버스운전을 하는 기사는 졸아서는 안 됩니다. 대다수의 업무는 긴장을 풀고 일하는 게 맞지만, 수술중인 의사는 긴장을 늦추지 않은 채 1분 1초도 방심하면 안 됩니다.

더 강한 기술은 그에 짝이 맞는 윤리의식을 필요로 합니다. 결국 인류가 기술문명의 발전 속도에 알맞은 정신적 성숙도를 가질 수 있느냐가 관건이 되겠지요. 단 해법이 어차피 우리의 윤리의식에 한계가 있으니 유치한 의미에서 '자연 상태로 돌아가라'는 식의 논리는 해법이 될 수 없다고 봅니다.

> **?**
>
> 과학기술이 발전할수록 우리가 받는 위협 및 불안이 증가하는 경향이 있는데 교수님은 그럼에도 계속해서 끊임없이 과학기술 개발을 추구해야 한다고 생각하시나요?

질문의 뉘앙스로 볼 때 질문자는 과학기술개발에 제동을 걸 필요가 있다고 생각하는 것 같습니다. 일단 내게 묻는다면 추구해야 하느냐 마느냐의 문제가 아니라, 어느 정도 속도로, 어떤 방향으로 추구할 것인가의 문제라고 생각합니다. 올바른 방법론과 기준을 세우고, 긴 협의과정을 통해 조급하지 않게 발전시켜 가야지요.

필요한 것은 금지가 아니라 여유입니다. 애플보다 먼저 고급 스마트폰을 출시해야 한다는 강박이 결국 갤럭시 노트 7의 참사를 낳지 않았습니까? 충분하게 차분한 시간이 주어지면 그런 문제들은 막을 수 있습니다. 그러니 '그만두자'라고 말하기보다 '천천히 가자'거나 '자세히 살펴보자'로 논의를 집중시키는 것이 필요하다고 봅니다.

?

현재 과학기술이 빠르게 발전하고 있고, 이제 인공지능처럼 인간의 고유영역을 침범하는 과학기술들이 나오고 있습니다. 교수님은 이러한 고도의 과학기술 발전이 계속해서 인간의 삶에 도움이 될 것이라고 생각하는지 궁금합니다.

먼저 인공지능뿐만 아니라 모든 기술은 당연히 인간의 '고유영역'을 대체해왔습니다. 그것이 기술입니다. 인공지능이라는 특수한 기술만 인간 고유영역을 침범하는 것은 결코 아닙니다. 그리고 '도움이 될 것이라고 생각해야 하는지'의 문제가 아니라 그렇게 되도록 해야 합니다. 그것은 설명해야 할 명제가 아니라 노력할 목표입니다. 과학기술의 발전방향은 단일하게 정해져 있지 않습니다. 언제나 인간에게 재앙이 될 수도 있고, 축복이 될 수도 있습니다.

'이라크나 시리아의 미래가 어떻게 될까요?'라는 질문과 '한국의 미래가 어떻게 될까요?'는 전혀 다른 질문입니다. 후자는 판단의 대상이 아니라 밝은 미래가 될 수 있도록 피땀 어린 노력이 필요한 것뿐입니다. 결혼하면 이혼하거나 불행하게 되기도 합니다. 하지만 그렇다고 결혼을 하지 말자는 해법은 말이 안 되는 것처럼 기술의 발전 자체를 포기하자는 것은 선택지가 아닙니다.

인공지능 같은 특정기술에 대해서만 제한하자는 이야기도 마찬가지입니다. 인공지능 기술을 적절히 통제하고 방향을 조절해서 인간의 삶에 도움이 되는 쪽으로 신중하게 발전시켜야 하는 것이지 연구를 막을 문제는 아닙니다. 아주 강력한 기술이니 당연히 더 조심해야 하는 기술일 뿐이고요.

?

과학기술을 경험적 시각과 이성적 시각으로 동시에 바라보는 자세는 불가능할까요?

이 수업이 지금 그것을 연습하고 있는 것 아닐까요? (웃음) 불가능한 게 아니라 어려울 뿐입니다. 그러니 자꾸만 연습하고 배우는 것이구요.

> 미래에 과학기술이 발전하여 의수, 인공심장 같
> 은 인공장기 기술이 발전하면 결국 로보캅처럼
> 전신이 기계로 된 사람이 나타날 수 있습니다.
> 이 경우 로봇이라 해야 할까요, 인간이라 봐야
> 할까요?

?

확실히 알파고의 등장 이후 인공지능에 대한 질문이 많아진 것을 피부로 느낍니다. (웃음) 덕분에 나도 이 주제에 대해 공부를 훨씬 더 해야겠다는 압박을 받는 중입니다. 이 질문은 인공지능 연구에서 약방의 감초 격으로 나오는 질문입니다.

사실 인지과학분야 자체가 바로 이런 질문들에서 시작되었지요. 기술만으로도, 과학만으로도 답에 도달할 수 없는 대단히 복잡한 문제라는 것을 연구 초창기부터 알았으니까요. 인간과 '인간적 지능'의 정의는 매우 철학적인 질문이며, 인간, 지능, 도덕, 가치 등에 대한 광범위한 정의가 이루어져야 궁극적으로 인공지능에 대한 논쟁이 끝날 것입니다.

먼저 로봇이면 어떻게 대우하고, 인간이면 어떻게 대우할지부터 물어봐야 할 것 같군요. 사실 로보캅 정도면 크게 논의대상

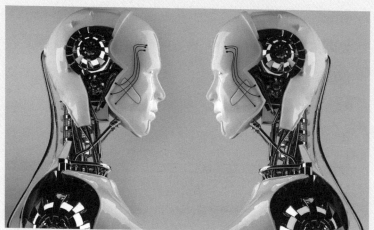

© Abidal | Dreamstime.com

인공지능에게 어느 정도의 판단 권한을 줄 것인가, 인격의 주체로서 볼 것인가 하는 문제는 강한 인공지능, 즉 '진짜' 지능에 관한 문제입니다. 그리고 첨예한 논쟁거리일 수밖에 없는 문제입니다.

도 아닐 것 같습니다. 영화 〈HER〉에 나오는 사만다 같은 경우는 인간일까요? 아닐까요? 사만다는 아예 OS(Operating System) 아니었던가요? 사만다는 '기계로 된 자신의 육체'조차 가지고 있지 않았습니다. 그런데도 영화의 남자 주인공은 사만다에게 사랑을 느끼지요. 그 주인공에게 사만다는 '인간 여성'이었습니다. 하지만 누군가는 결코 인간으로 규정하지 않겠지요. 재미있는 생각할 거리가 있는 영화니 못 본 사람들은 한 번쯤 보세요. (웃음)

그런 논쟁들에 대한 결론은 내가 내려줄 수 없습니다. 아직 석학들조차 논쟁중인 문제니까요. 하지만 생각을 진행하는 데 도움이 될 몇 가지 팁 정도를 간단히 소개하겠습니다.

최근 알파고 뉴스에서 알 수 있듯이 현재 인공지능 기술이 아주 빠르게 발전중입니다. 하지만 이런 장밋빛 전망과 함께 '아직은 바둑 정도구나'라는 생각도 할 수 있어야 합니다. 바둑이 고도의 정신적 활동인 것은 분명하지만 인간이 해내는 다양한 사유들 중 극히 일부분에 불과합니다. 인공지능이 갈 길은 분명히 멉니다.

인공지능 논의를 하거나 언론에서 인공지능 관련 뉴스를 읽을 때는 먼저 흔히 이야기하는 강한 인공지능(Strong A.I.)과 약한 인공지능(Weak A.I.)에 대해 알아두면 도움이 많이 될 겁니다. 학자들이 인공지능을 이야기할 때 이 두 가지를 경우에 따라 혼용하는 경우가 많거든요.

약한 인공지능은 주로 인간의 인지기능의 확장을 목표로 합니다. 현재 놀라운 수준으로 발전 중인 것은 바로 이 부분입니다. 통번역 시스템이나 의료 전문가 시스템은 이미 상용화 수준이고, 증감현실이나 패턴인식도 과거와는 전혀 다른 수준으로 발전해 있습니다. 큰 효용이 예상되고 당연히 투자되고 발전해 나가야 합니다. 그런데 약한 인공지능이라는 뉘앙스 안에는 이미 숨은 의미가 있습니다. 그런 것들은 진정한 의미에서 지능이 아니라는 것이지요.

반면 인공지능에게 어느 정도의 판단 권한을 줄 것인가, 인격의 주체로서 볼 것인가 하는 문제는 강한 인공지능, 즉 '진짜' 지능에 관한 문제입니다. 그리고 첨예한 논쟁거리일 수밖에 없는 문제입니다. 어쩌면 강한 인공지능과 약한 인공지능을 나누는 것은 끝없어 보이는 논쟁을 벗어나보려고 만들어진 나름의 전략적이고 임의적 분류라고 볼 수도 있습니다. "강한 인공지능의 문제는 빠른 시일 내에 발생할 것 같지도 않으니 우리 약한 인공지능 분야 연구자에게는 따지지 마라." 그런 의미도 숨어 있는 연구자들의 볼멘소리 같은 것이기도 합니다. (웃음)

그런데 최근의 정황은 드디어 강한 인공지능에 대해 신중하게 논의가 시작되어야 함을 일깨워주고 있습니다. 현대적 관점에서 인간적 지능 혹은 인격을 가지고 있다면 그는 인간이라 할 수 있을 것입니다. 그러니 먼저 인간적 지능이 뭔지부터 진지하게 논의해야 합니다.

인간적 지능은 고민하고 선택하는 것이기도 합니다. 기술적으로 '어디까지 가능한가?'와 '가능하더라도 어디까지 용인할 것인가?'의 문제가 가장 중요한 화두가 될 수밖에 없는 거지요. 이런 문제들에 대해 우리가 기술적·법적 선택을 하려면 먼저 철학적인 문제부터 생각을 해봐야 합니다.

사실 인공지능 연구의 핵심 난제는 우리가 아직 인간성, 지능, 의식 등에 대해 명확히 정의하지 못했다는 것입니다. 어느 정도로 생각하고 반응하는 것이 인간적인 것일까요? 그리고 영혼의 존재를 믿는 사람들에게도 인공지능이 지능일 수 있을까요? 통계에 의하면 인류 중 93% 정도가 영혼의 존재를 믿는다고 합니다. 영혼을 인격이나 지능의 주체로 보는 시각에서는, 아무리 복잡한 컴퓨터를 만들어낸다 해도 분명한 한계를 가지는 기계에 불과하고, 도구에 불과합니다. '인간처럼 사유하는' 인공지능의 궁극적인 이상은 유물론적 기반에서만 의미가 있고, 현재 인류 93%의 신념체계와 명백히 충돌하고 있는 것도 사실입니다. 인공지능의 결과물에 인격을 부여하는 문제는 이런 부분들에 대한 논의가 끝났을 때만 가능하겠지요.

완벽한 인공지능 로봇이 살인을 하면 인공지능 로봇이 벌을 받아야 합니까, 제작자가 벌을 받아야 합니까?

바로 앞의 질문에 답이 나와야 대답할 수 있는 현실적인 질문이 나왔네요. 이렇게 먼저 상당히 형이상학적인 문제들에 대한 합의가 이루어져야 답할 수 있는 질문들을 현대과학기술은 계속해서 던져주고 있습니다.

이 질문의 경우 '완벽한 인공지능 로봇'이 뭔지 합의해야 답할 수 있습니다. 또 대단히 철학적인 동시에 아주 흔하고 종교적인, 오랜 기간 인류가 품어온 의문과 상관있습니다. 질문자의 질문과 사실상 똑같은 재미있는 역질문을 해보겠습니다.

"인간이 죄를 지으면 신이 벌을 받아야 하나요, 인간이 벌을 받아야 하나요?"

이 경우가 질문에 대한 답과 같은지 다른지는, 흔히 얘기하는 '자유의지'를 로봇이 가지느냐, 아니냐의 판단에 달려 있습니다. 선택지가 없는 것에 대해 우리는 죄를 묻지 않습니다. '완벽한' 로봇의 조건이 자유의지를 가지는 것이라면, 죄가 있겠고, 결국 인격이 있겠고, 인권(?)과 비슷한 것이 있겠고, 선택가능했으니 로봇의 '죄'일 겁니다. 그 경우가 아니라면, 그 로봇이 말 그대로 자동인형 같은 것이라면, 그 죄는 제작자에게 있겠지요. 결국 얘기가 또 자유의지에 대한 철학적 논쟁으로 옮겨가지요?

조금 다르게 법적으로 해석해본다면, 그 로봇을 법인으로 본다면 로봇이 처벌받겠지요. 이런 것이 바로 논쟁거리라는 것입니다. 인간의 개념을 명확히 정의해야 답할 수 있는 것이며, 정의했다 해도 시대에 따라 인간의 정의가 바뀐다면 그 질문의 결론 또한 바뀔 것입니다. 이 부분은 엄청나게 깊고 철학적인 긴 논쟁으로 많이 정리되어 있습니다. 그런 책들을 찾아보는 것이 도움이 될 겁니다. 물론 현재까지 인류가 합의한 답이 없다는 것은 미리 알려둡니다.

그리고 내 의견을 말하라면 조금의 정리는 더 해줄 수 있습니다. 먼저 인간은 어떤 행동을 부끄러워하거나 후회하고 죄책감을 느낄 수 있는 동물입니다. 이것은 인간이 성찰적 존재이기 때문입니다. 자신을 바라보는 또 하나의 자신이 있는 셈이지요. 우리가 보통 양심이라고 일컫는 것입니다. 다시 말해 기본적으로 인간은 둘입니다. 나를 관찰대상으로서 관찰하는 내가 있어야 이런 행동은 가능합니다. 컴퓨터가 이 갈등을 할 수 있다면 나는 인간적 지능이라고 부르겠습니다. 갈등한다는 것은 우리가 이미 두 마음이라는 의미입니다. 하지만 내가 아는 한 컴퓨터는 이렇게 동작하기 위해 연구되지 않았습니다. 진정한 의미의 인격적 지능을 구현하려면 이런 두 마음을 가진 컴퓨터를 만들 필요

가 있겠지요. (웃음)

그리고 인간적 지능이라면 또한 인내할 수 있어야 합니다. 흔히 우리가 존경할 만한 인간성이라 부르는 것은 우리와 동일한 생존본능, 식욕, 성욕, 안일에의 욕구를 가지고 있을 것임에도, 과감히 그 욕구를 참아내고 더 고차원적인 것을 추구하는 것입니다. 생물학적이고 육체적인 나를 넘어서서 주관적이고 정신적인 내가 승리하는 과정을 인내라고 합니다. 이런 성찰성을 갖춘 컴퓨터가 나올 수 있을까? 우리가 봐서 성찰한 것으로 보인다 할지라도 그것이 과연 진정한 성찰인가? 기계적 반응인가? 답이 이루어져야 합니다.

그리고 컴퓨터가 거짓말을 하게 될까요? 또 거짓말을 잘하는 컴퓨터가 더 훌륭한가요? 거짓말을 못하는 컴퓨터가 더 훌륭한가요? 인간의 경우는 어떻지요? 인간은 정직한 사람이 훌륭합니다. 이유는 간단합니다. 그는 '거짓말을 할 수 있음에도' 하지 않은 것이기 때문에 훌륭합니다. 따라서 훌륭한 컴퓨터는 거짓말을 '안 하는' 컴퓨터입니다. 컴퓨터가 거짓말을 안 한 건지, 못한 건지 여러분은 어떻게 구분하겠습니까?

또 하나, 대중이 원하는 인공지능은 권한을 위임해서 편해지고 싶은 욕구의 반영입니다. 안전하게 권한을 위임하려면 상대가 착해야겠지요? 착한 인공지능이 지능일까요? 그냥 안전한 가전제품일까요? 착한 사람은 속일 수 있으나 속이지 않는 것이지, 속이지 못하는 것이 아닙니다. 하지만 인공지능은 속이지 못해야 합니다. 즉 어디까지 가능한지는 몰라도 거기까지만 만들어져야 한다고 대부분의 사람들은 생각할 겁니다. 하지만 호기심 강한 연구자라면 다른 생각을 할 수도 있습니다. 대중과 연구자 사이의 이런 괴리에는 어떻게 대응해야 할까요? 마냥 감시를 강화해야 하는 걸까요?

과연 용기 있는 인공지능, 거부하는 인공지능, 희생하는 인공지능, 자기합리화하는 인공지능이 가능할까요? 답은 내가 할 순 없습니다. 하지만 이런 것이 21세기 내내 인류가 고민해봐야 하는 문제인 것은 분명합니다. 이제는 탁상공론의 수준을 넘어서고 있으니까요. 충분히 생각해두지 않으면 어느 날 갑자기, 인공지능은 우리에게 많은 대가를 요구하게 될지도 모릅니다.

요즘 인공지능의 기반이 되는 딥러닝(deep learning)이 이슈입니다. 그리고 딥러닝의 선두주자인 구글 같은 경우 자신들이 마음만 먹으면 전 세계의 엄청난 빅 데이터를 얻을 수 있습니다. 그렇다면 다른 기업은 절대 따라갈 수도 없는 초거대기업이 되어 전 세계인의 사생활을 침범할 가능성이 있는데, 이를 규제할 수 있는 방안은 없을까요?

음, 대통령 후보 검증 때 받을 만한 질문 같습니다. (웃음) 암울하게 표현하면 그런 것을 막을 절대적인 제도적 방법은 없습니다. 내 생각으로 이미 구글 같은 기업들은 엄청난 경제적 실익을 얻을 수 있는 자료들을 확보하고 있을 겁니다. 세계적 질서가 재편 중이고, 싫지만 무역자유화 등의 과정을 통해 국가의 통제력보다 거대기업의 영향력은 갈수록 상대적으로 더 커질 것입니다. 그래서 이미 새로운 체제와 제도의 필요에 대해 많은 학자들이 이야기하고 있습니다.

아주 단순하게 내 생각을 표현하자면 이제 국가의 산업 통제 개념에서 벗어나 국가, 다른 기업, 시민 단체, 언론 등의 상호견제로 권력분립이 필요한 시기가 되었습니다. 나온 지 몇백 년 된 개념인 정부의 삼권분립 개념 같은 것으론 한계가 있지요. 우리는 현재 훨씬 복잡한 체제를 실험 중에 있고요. 자세한 부분은 역시 책을 찾아보는 것이 좋겠네요. 미래학자들의 최근 견해들을 두루 살펴볼 것을 권합니다.

?

기관차가 진로를 변경하면 한 명이 죽고, 그냥 있으면 다섯 명이 죽을 때, 공리주의에서 말하는 최대다수의 최대행복을 생각하면 한 명이 죽는 것을 선택하는 행동이 옳은 것 아닐까요? 이 경우 살인죄를 적용해야 할까요?

　전통적인 윤리학의 기본 문제를 물었네요. 그런데 사실 지금 질문은 극단적으로 단순화된 공리주의 문제입니다. '사람 한 명'은 모두 개성적 존재입니다. '석유 1톤'이나 '휴대폰 10대'와는 전혀 다른 개념이지요. 딱 하나 부연하겠습니다. 그 기차에 죽을 한 명이 본인 어머니면 어떻게 할 건가요? 그리고 살아날 다섯 명이 살인전과범들이면 어떻게 할 건가요? 그 한 명이나 다섯 명 쪽이 임산부나 노인이나 어린이나 노벨상 수상자면 어떻게 할 건가요?

　사실은 그 단계까지 말하지 않고는 아무 의미 없는 질문입니다. 그리고 이미 짐작하듯 어떤 선택이 옳은지 따지기 매우 힘이 듭니다. 그러니 윤리학이라는 어마어마하게 어려운 학문이 따로 있을 정도구요. 법적으로도 엄청난 논쟁거리입니다.

그리고 재미있는 사실 한 가지를 덧붙이면, 이런 질문들은 현재 자율자동차 연구에서 핵심으로 떠오르고 있는 질문이라는 겁니다. 아까의 질문을 자동차로 바꿔봤을 때, 운전자가 사람이라도 문제는 복잡합니다. 그런데 문제를 자율주행 자동차로 바꿨을 때는 훨씬 복잡한 문제가 되어버립니다. 자율주행 프로그램이 핸들을 꺾어 한 명을 죽이게 설계해야 할까요? 그냥 직진해서 다섯 명을 죽이게 설계해야 할까요? 선택이 가능은 할까요? 그리고 핸들을 꺾으면 죽을 사람이 자동차에 탄 승객이라면 어떨까요? 또 탄 승객을 죽이는 선택을 할 차량을 고객이 구입할까요? 승객 한 명을 살리기 위해 보행자 다섯 명을 죽이는 자동차를 허용해야 할까요?

자, 만만치 않죠? 재미있게도 인공지능의 발전은 이렇게 윤리의 근본문제를 극한까지 생각하게 만드는 수준까지 왔습니다. 과학기술이 과학기술의 문제만이 아니고 그 안에서 답이 나올 문제도 아니라는 것을 잘 보여주는 사례입니다. 이제 앞으로 십수 년은 치열한 논쟁들이 발생할 겁니다. 이번에도 내가 결정 내려줄 것은 아무것도 없었군요. 도움은 되었기 바랍니다. (웃음)

과학기술의 발전과 인간의 존엄성 중 어떤 것이
중요하다고 생각하시는지요?

그런 것은 양자택일의 문제가 아닙니다. 과학기술을 인간의
존엄성을 지킬 수 있게 발전시켜야 합니다. 그리고 과학기술의
혜택으로 인간의 많은 존엄성들이 실제 지켜졌습니다. 일기예
보와 백신의 개발로 얼마나 많은 사람들이 목숨을 건지고 있는
지 생각해보십시오. 과학이 준 혜택은 많습니다. 그런데 그 과학
기술의 특정한 영역들에서 가치의 충돌이 일어나고 있는 것뿐
입니다. 이 경우는 구체사례를 가지고 케이스별로 이야기해야
합니다.

아인슈타인의 방정식 $E=mc^2$에서 단위는 뭔가요?

J, g, m/s입니다. 광속이 3억m니까, 1g은 9경J이 되겠네요. 영이 16개 붙는 단위로 갑니다. (1g=300,000,000×300,000,000 J) 어차피 머릿속에서 짐작이 안 갈 겁니다. (웃음) 예를 들어 생각해보는 게 좋습니다. 실제 히로시마 원자폭탄 폭발에서 사라진 질량은 몇 그램 정도입니다.

다시 말해 100원 동전 정도 질량이 에너지로 바뀌면 히로시마 원폭 정도의 힘이 나옵니다. 여러분 몸무게 정도가 완전히 에너지로 바뀐다면 아마 지구를 멸망시킬 정도의 힘이 나오겠지요. 질량 속에 내재된 순수한 힘은 정말 엄청납니다. 우리가 '있음'으로 느끼는 '질량'이 바로 힘의 응축체임을 잘 보여주고요. 언제나 다시 생각해봐도 정말 철학적인 방정식입니다. 그래서 그토록 아인슈타인이 유명인사인 것입니다.

그 유명한 방정식은 많이 듣지만 단위에 대한 얘기는 거의 못 들어봤을 겁니다. 그러고 보니 특별히 어려운 얘기가 아닌데도 대부분의 대중서에서 구체적 단위는 언급도 하지 않는 것 같네

요. 숫자가 나오는 순간 상식적 과학 너머의 무엇이라는 거부감
이 들 것 같고, 책의 판매량이 줄어들 것 같아 작가나 출판사들
이 자기검열을 하기 때문 아닐까 싶어지네요. (웃음)

다른 여러 상수들은 복잡한데 빛의 속도는 왜
딱 30만km일까요?

아닙니다. 광속 30만km라는 표현도 관용적일 뿐입니다. 거의
30만km이지 실제 수치는 복잡합니다. 앞에서 제가 계산한 것은
도대체 광속이 어느 정도의 값인지 느껴보라고 근사치를 사용
한 것뿐입니다. 과학자들이 실제 계산할 때 그런 식으로 하면 큰
일납니다. (웃음) 조금 더 정확하게는 299,792km/s 정도인데 더
자세한 수치가 궁금하면 인터넷에 물어보세요.

광속불변의 원칙하에 만들어진 것이 특수상대성
이론이라면 광속은 언제 구해진 건가요?

광속계산은 여러 실험들을 통해서 정확도가 계속 개선되어
왔습니다. 흔히 1676년의 뢰머의 계산을 광속계산의 효시로 꼽
습니다. 이해하기 쉬운 편이니 이 얘기만 언급하지요. 뢰머의 광
속계산은 갈릴레오가 발견했던 목성의 위성이 큰 역할을 했습
니다. 목성의 위성 이오가 목성 뒤로 돌아가서 안 보였다 다시
나타나는 주기적 현상을 관찰하던 중이었습니다. 이오가 일정
한 속도로 목성을 공전할 테니 분명 그 주기가 일정해야 할 텐데
이상하게도 이오가 나타나는 주기는 점점 느려졌다 빨라졌다를
반복했습니다.

뢰머는 이것이 지구가 공전하면서 목성에서 점점 멀어지는
과정에서 빛이 조금씩 늦게 도착하게 되고, 목성에 점점 가까워
지면서 빛이 빨리 도착하게 되어서 발생한 현상이라고 추론합
니다. 즉 빛의 속도가 유한하다고 생각하면 잘 이해되는 현상이
었죠. 뢰머는 당시의 자료를 가지고 계산해서 처음 21만km 정
도의 값을 얻어냈습니다. 방법은 맞았는데 자료와 계산상 문제

로 30% 정도 오차가 발생했습니다. 참 대단하지요? 놀랍게도
이렇게 인류는 이미 17세기에 광속을 계산했습니다.

> **?**
>
> 광속이 일정하다는 전제하에 만들어진 것이 특수상대성이론이라면 이 광속 불변의 전제가 증명된 적이 있습니까? 또한 상대성이론이 실험적으로 증명된 적 없으니 차후에 충분히 틀렸다는 것이 입증될 수 있습니까?

물론 모든 이론은 언제나 틀리다고 반증될 수도 있겠지요. 어쨌든 지금까지 아주 세부적인 논쟁들을 빼면 모든 실험결과는 아인슈타인의 이론과 잘 일치합니다. 즉 정확하게는 아인슈타인의 상대성이론의 전제가 맞았음이 증명되었다기보다는, 틀렸음이 지금까지 증명된 적 없는 겁니다. 아마 뉴스에서 상대성이론이 틀린 사례를 찾았다고 했다가 다시 아닌 것으로 판명 났다거나 하는 얘기를 들은 적 있을 겁니다. 즉 언젠가는 그런 실험을 통해 언제든지 틀린 것으로 입증될 수도 있습니다. 그리고 틀리다고 입증되면 그것은 또 한 번 과학이 발전한 사례가 될 것이고요. 이건 상대성이론뿐만 아니라 과학이론 모두에 해당하는 원론적인 얘기입니다.

자꾸만 '증명'을 수학적 증명처럼 생각해서 나오는 질문인 것 같습니다. 100%라는 얘기를 하지 않는 것이 과학입니다. 또한 그것이 과학의 멋입니다. 그리고 사실 수학도 그렇습니다. 수천 년 동안 당연하게 생각한 평행선 공리조차도 19세기에 비유클리드 기하학이 나오면 참이 아니게 되는 것처럼 말이죠. 생각해야 하는 것은 지금 증명해야 하는 것이 무엇이냐를 결정하는 겁니다.

예를 들어 '내가 화성인입니다'라고 주장한다면 이 말은 내가 화성인인 증거를 제시할 때 증명된 건가요? 아니면 여러분이 내가 화성인이 아님을 증명할 때까지 나를 화성인으로 취급해야 하나요? 현재 주류의 견해가 있고, 현재까지 정황에서는 잘 검증되어왔고, 실용적으로 잘 사용되고 있다면, 그 주류의 견해가 틀렸음을 증명해야 하는 것은 반대 견해를 가진 사람들이 될 겁니다. 처음 지동설이 나왔을 때 이를 주장한 사람들이 지동설의 옳음을 주장해야 하는 것처럼 말이죠.

광속은 돌파 불가능하다고 하셨는데, 〈스타워즈〉 같은 SF 영화 속 광속의 몇 배 속도로 이동하는 것은 철저한 허구인가요?

네, 아쉬울지 모르지만 '철저한' 허구입니다. (웃음) 최소한 지금까지의 현대과학으로는 말이 안 되는 이야기입니다. 그리고 〈스타워즈〉는 SF 영화가 아니죠. 조지 루카스 감독 스스로 밝혔듯 우주 활극(space opera)일 뿐입니다. 아주 재미있는, 과학과 아무 상관없는 영화입니다.

잘 알고 있다시피 우주공간은 소리가 나지 않습니다. 그리고 '눈에 보이는' 속도의 광선(?) 함포사격도 있을 리 없습니다. 사실 〈스타워즈〉의 세계관은 1977년에 〈스타워즈〉 영화를 만든 조지 루카스 감독이 어린 시절 보았을 2차 세계대전 시기 태평양의 해공 입체전의 모습을 배경만 우주로 옮겨놓은 것이죠. 미사일이 없던 시기 전쟁의 모습을 모사한 것입니다. 재미있게도 SF 영화들은 아무리 먼 미래를 배경으로 해도 결국 그 영화가 만들어지던 시기의 과학기술과 사회상을 반영합니다. 그런 부분들을 함께 생각하며 영화를 보면 더 재미있을 겁니다.

광속보다 빠른 입자는 앞으로 발견되지 않을까
요?

아무도 모릅니다. (웃음) 그런 증거를 찾기 위해 썬(CERN) 연
구소 등에서 실험하고 있다는 뉴스들을 들었을 겁니다. 분명한
것은 광속 이상의 속도를 가진 입자가 발견되면 상대성이론을
대체할 다음 이론이 필요해질 것이라는 것이죠.

상대성이론의 시공간의 변화를 우리가 우주에
가지 않고도 느껴볼 방법은 없나요?

이것도 재미있는 질문이네요. 군대를 가보면 느낍니다. 시간
이 정말 안 가거든요. 예비역 학생들 경험이 있을 텐데 휴가 나
오면 친구는 언제나 벌써 나왔냐고 그러지요. 나는 100년은 지
난 것 같은데 말입니다. 물론 농담입니다. 상대론의 효과를 우리
가 느낄 수 있을 정도가 되려면 광속에 육박하는 속도는 되어야
합니다. 인간이 낸 최대속도는 기껏 광속의 3만분의 1 정도입니
다. 느낄 수 있을까요? 광속에 비하면 달팽이나 인간이나 비슷
한 속도의 세계에서 살고 있습니다.

> **?**
>
> 빠른 우주선을 타고 여행하다가 돌아오면 자신에 비해 지구시간은 훨씬 먼 미래로 가 있는 건데 이것도 미래로 가는 타임머신으로 볼 수 있지 않을까요?

그렇게 보면 언제나 그렇게 볼 수 있습니다. 문제는 가면 다시는 못 돌아오는 편도여행인 것은 알고 가야겠죠? 그리고 내가 봐선 '돌아오지 못하는 것'을 타임머신이라고 부르기는 힘들 것 같습니다.

상대성이론에 따르면 빠른 속도로 우주여행을
하고 온 사람은 지구에 있는 사람보다 시간이
느리게 간다고 하셨는데 그만큼 체감시간과 노
화도 느려지는 것인가요?

상대성이론에 대해 처음 들을 때 흔히 생기는 오해입니다. 시
간이 느리게 간다는 말의 의미를 처음에는 이해하기가 힘들지
요. 보통 노인분들이 '시간이 참 빠르게 간다'거나 '군대에서는
시간이 느리게 간다'는 식의 어법이 있기 때문에 발생하는 오해
로 보입니다. 그건 시간이 느리게 가는 게 아니라 똑같이 시간이
흘렀는데 각자에게 시간이 많이 지났거나 조금 지난 것처럼 느
껴진다는 얘기입니다.

노화가 느려진다는 말 자체가 '시간이 똑같이 흘렀는데' 신체
가 상대적으로 덜 늙었다는 얘기일 뿐입니다. 시간 자체가 다르
게 흘렀다는 얘기와는 무관합니다. 상대성이론의 설명은 그냥
말 그대로 지구에서는 10년 지났는데 아주 빠르게 여행하고 온
우주선 내부는 실제 1년이 지나 있을 수 있다는 얘기입니다. 실
제 광속 90% 정도 속도 그러니까 초속 27만km 정도 속도로 운

동하면 정지한 쪽에 비해 거의 10배 정도 상대적으로 느리게 시간이 흐릅니다. 이런 기술은 없으니 계속 가정법으로 얘기할 수밖에 없겠죠? 당연히 체감상으로도 10년이고 1년이지요. 그 말 그대로 받아들이면 됩니다. 그런데 처음에 받아들이기 힘든 것도 사실일 겁니다.

> **?**
>
> 상대론 설명을 듣다보니 '빠르게 운동하고 있는 전자의 시간과 나의 시간은 어떻게 다른가?'라는 생각이 떠올랐습니다. 내 몸은 바로 그 입자들이 구성하고 있는데 말이죠.

이번에도 멋진 형이상학적 질문 같습니다. (웃음) 상대성이론에 의하면 빠른 운동을 하는 존재는 당연히 상대적으로 시간이 느리게 흐릅니다. 단 전자와 나의 시간을 비교하여 생각하는 것 자체가 별 의미가 없다라는 것을 생각해볼 필요가 있습니다.

예를 들어 '낡은' 전자, '늙은' 전자, '죽은' 전자라는 표현을 들어본 적 있습니까? '파란' 전자, '빨간' 전자, '찢어진' 전자는 어떻습니까? 전자는 언제나 전자일 뿐입니다. 이 전자, 그 전자, 저 전자를 따로 규정할 수 없습니다. 즉 전자는 개성적인 존재가 아닙니다. 전자는 우리가 일상적으로 시간이 흘렀음을 표현하고 느낄 때 사용하는 특징을 아무것도 가지지 않습니다. 상대는 사람이 아닙니다. 물리학적으로 전자는 질량, 전하, 스핀만을 고유한 특성으로 가지고 있습니다. 전자의 시간이 흘렀음을 주장할 특성이 아무것도 없다는 것이지요. 시간의 흐름에 따라 성장, 노화하며 변화하는 전자를 가정할 수 없는데 나의 시간의 흐름과 무엇을 비교할 수 있을까요? 사실은 아주 철학적인 질문을 한 겁니다.

사실 중성자는 양성자와 전자, 반중성미자로 분리되었다 합쳐지기를 반복하고 있다고 할 수 있습니다. 그런 의미에서 중성자가 늙어 죽어 전자나 양성자가 되고, 전자가 죽어 중성자가 된다는 표현이 가능할지도 모르겠네요. 하지만 그것은 우리가 세월의 흐름을 이야기하는 데 사용하는 표현들과는 분명 차이가 있는 현상입니다.

망원경이 발견되기 전 천문학자들은 지금의 행성들을 육안으로만 관찰해서 구별했나요? 그 당시에는 어떻게 수금화목토 행성을 구별했나요?

오행성은 육안으로 잘 구별됩니다. 특히 화성 같은 경우는 뚜렷이 붉은 색을 띠는 별이라 오래 관찰하지 않아도 잘 구별됩니다. 관찰을 해보면 바로 알 수 있지만 도시에서 성장한 학생의 경우 그 기회 자체가 없었을 겁니다. 이 질문은 사실 우리가 하늘을 봐도 별을 볼 수 없는 불행한 시대에 살고 있어서 나오는 질문입니다. 현대인의 비극이지요. 내가 어렸을 때는 별이 잘 보였는데 요즘은 별을 잘 못 봤다는 것이 그리 특이한 경험이 아닌 듯하더군요. 오행성은 잘 보이는데다 배운 것처럼 운동까지 특이하니 모든 문화권에서 잘 구별하고 특별하게 취급했습니다. 서양의 7요일제와 동양의 음양오행만 봐도 그렇지요.

?

요즘 여러 가지 지수들이 유행합니다. 행복지수 같은 추상적인 개념들도 과학으로 표현될 수 있는 것이라고 보시나요?

내 생각을 묻는 것이라면 '먼 미래에 언젠가는' 가능하다고 생각합니다. 하지만 아주 머나먼 미래일 것이고, 아마도 '전혀 다른 차원'에 도달한 과학으로 가능할 겁니다.

그 이전에는 물론 그 이름을 붙여볼 수는 있겠지만, 현대과학의 그만큼의 한계는 인정하고 참고적으로만 받아들여야 하겠지요. 내 입장은 딱 그 정도까지입니다.

?

교수님은 현대에 '증기기관'이라는 기술로 제작한 상품이 다시 출시된다면 성공가능성이 있다고 보시나요?

정확히는 모르겠습니다. 재미는 있을 것 같네요. 사람들이 신기해하며 돈도 꽤 벌 수도 있을 거구요. 하지만 사회의 기술시스템의 중추로 다시 돌아가진 못하겠지요? (웃음)

?

기술의 보편화(많은 사람에게 퍼지는 것), 기술의
고급화 중 한 가지만 선택한다면 무엇을 고르실
건가요?

나라면 이렇게 역질문으로 대답하겠습니다. 왜 한 가지만 선
택해야 할까요? 그리고 가능할까요? 두 가지는 당연히 연관되어
이루어집니다. 최고 스펙의 컴퓨터는 결국 보급형 컴퓨터가 됩
니다. 현재는 최첨단 기술이지만 22세기에는 화성 이주가 보편
화될지도 모르구요. 고급화가 안 되면 보편화도 불가능합니다.
그것은 나눌 수 있는 문제가 아닙니다. 현재의 고급기술은 결국
미래의 보편기술입니다. 그리고 기술이 보편화되어야만 그 기술
에 기반한 고급기술이 그때 또 나타날 수 있는 겁니다.

과학기술의 도덕성이나 윤리는 시대상황에 따라
바뀌나요?

아마도 구체적 방법론은 계속해서 바뀌겠지요. 예를 들어 예
절이나 인사법은 시대에 따라 분명히 바뀌죠? 그리도 이전에는
문제가 되지 않았지만, 성폭력특별법이나 청탁금지법이 만들어
진 이후 불법이 된 일들이 있죠? 과학윤리나 연구윤리도 마찬가
지입니다. 시대상황에 따라 바뀐 윤리는 계속 공부해줘야 합니
다. 하지만 그렇다고 근본적인 것이 바뀌지는 않겠지요. 적절한
수준에서 받아들여야 하는 문제입니다.

내가 '무엇인가 할 가치가 있다'라고 이야기할 때 그 가치는
무엇인가요? 어떤 '목표'가 전제되는 것이 '가치'입니다. 공산주
의, 자본주의, 민주주의, 민족주의, 기독교, 이슬람교, 불교, 혹은
이기주의 등등이 모두 추구하는 목표와 가치가 있고 또한 다 다
르지요?

은행 강도가 은행원을 죽인 것과 안중근 의사가 이토오 히로
부미를 죽인 것은 모두 사람을 죽였다는 측면에서 같을 겁니다.
하지만 두 행동의 가치는 전혀 다르지요? 그리고 안중근 의사의
행동은 일본의 입장에서 가치와 한국의 입장에서 가치가 분명
히 또 다를 겁니다. 그렇게 가치는 당연히 인간사회 안에서 사회
문화적으로 부여받는 것입니다.

과학도 그런 식으로 사회적 가치가 개입되느냐의 논쟁에서
'과학기술의 가치중립성' 문제 같은 것이 나오게 됩니다. 그런데
많은 사례에서 살펴본 것처럼 과학자들의 연구내용과 결과물에

서도 사회적 가치가 개입된 것을 많이 발견할 수 있었지요? 그
런 정도로 설명할 수 있을 것 같습니다.

?

'과학기술은 가치중립적이지 않다'는 내용의 말씀을 하셨습니다. 저도 마찬가지로 인간이 개입한 그 무엇도 가치중립적일 수 없다고 생각합니다. 그런데 가치중립적이지 않다면, 과학기술은 개인의 어떠한 가치실현으로 개발되고 연구되어야 한다고 생각하십니까?

먼저 명확히 해둬야 할 것은 나는 '과학기술은 가치중립적이지 않다'고 한 적이 없습니다. '과학기술은 가치중립적이지 않을 때도 있다'고 했습니다. 전혀 다른 말입니다. 그리고 과학기술이 문학이나 예술보다는 분명 좀 더 가치중립적이고 객관적이라고 할 수 있을 것이라는 점도 분명히 해둡니다. 수업내용은 과학기술이 언제나 가치중립적이지는 않았다는 것이고, 가치중립적이기 위해 노력해야 한다는 이야기 정도였을 겁니다. 덧붙여 가치가 개입한다면 좋은 가치, 올바른 가치가 개입될 수 있어야겠지요. 그 좋은 가치는 각론에서는 약간씩 다를 수 있겠지만 인류보편의 공통가치는 분명히 있습니다. 그리고 우리가 배워 이미 알고 있는 것들일 겁니다.

노벨상에 관한 질문입니다. 지난번 발표된 노벨 생리의학상에서 3년 연속으로 일본인이 선정되었습니다. 이런 발표가 나올 때마다 우리나라 언론에서는 22:0이라는 스코어를 인용하며 국내 기초과학의 현실을 꼬집곤 하는데요. 과학사를 전공한 교수님 생각에 무엇이 근본적 문제라고 보시는지 궁금합니다.

일단 노벨상에 대한 이야기는 내가 쓴 『한 줄 질문』 1권에 많이 답을 했습니다. 덧붙여 답을 하자면, 이런 질문을 아주 많이 받는데 나로서는 재미있게 느껴지는 것이 있습니다.

우리는 노벨상을 얘기할 때 필리핀이나, 베트남이나, 인도네시아와는 비교를 거의 하지 않습니다. 그리고 영국이나 프랑스나 독일에서 얼마나 노벨상을 많이 받았는지도 관심이 별로 없습니다. 하지만 일본만큼은 정말 많이 비교가 됩니다. 일본보다 못하면 뭔가 크게 잘못한 것으로 평가되는 경향이 있습니다. 이유는 우리가 잘 알고 있습니다. 정말 이기고 싶은 상대니까요. 일제 40년의 식민통치 기억은 그만큼 뼈저리지요. 그리고 이런 심리는 우리에게 긍정적으로 작용했습니다. 처음부터 경쟁상대를 일본으로 잡았기 때문에 제철, 반도체, 자동차, 백색가전 등의 산업에서 일본과 대등하거나 능가하는 위치를 점할 수 있었으니까요.

사실 우리가 이 분야들에서 세계적 수준에 오른 이유는 간단합니다. 일본의 수준이 세계 최고의 수준이었기 때문에 일본을 따라잡는 순간 우리는 세계 최고 수준이 될 수밖에 없는 거지요. 그러니 질문 내용을 풀어보면 산업에서는 이 정도 이루었는데 왜 노벨상이나 기초과학은 안 되냐는 얘기가 될 겁니다.

하지만 현실은 우리가 잘 알고 있습니다. 일본은 우리와 비교하면 인구 2.5배, 경제력 8배인 나라이고, 전 세계 최고 수준의 과학기술력을 보유한 국가입니다. 사실 일본이 우리보다 노벨상을 많이 받은 자체는 너무나 자연스러운 것입니다. 이런 상황임에도 우리가 노벨상을 더 많이 받는다면 그것이 놀랍고 감격스럽겠지요. 분명히 노벨상은 우리가 못 받는 것이 아니라 일본이 잘 받는 것입니다. 그러니 그 잘 받는 방법을 배워 나가면 됩니다. 다시 말해 칭찬받아야 할 것이 산업계이지, 비난받아야 할 것이 과학계는 아닙니다. 그래서 근본적 '문제가 뭐냐'라는 식의 질문형식은 별로 쓰지 않는 것이 좋다고 생각합니다.

그리고 일본의 3년 연속 노벨 생리의학상 수상에 대해서도 덧붙이겠습니다. '브라질이 몇 번이나 월드컵 우승을 했으니 이젠 우리도 우승해볼 때도 되었다'라고는 아무도 얘기하지 않지요? 다음 월드컵에 브라질이 우승할 확률은 얼마인가요? 여전히 높겠지요. 축구를 이미 잘 하고 있는 나라이니 이번 월드컵에 브라질이 우승을 했건 안 했건 브라질은 여전히 강력한 우승후보일 겁니다.

노벨상도 마찬가지입니다. 작년에 노벨상을 받은 나라라면 당연히 올해도 받게 될 확률은 높습니다. 현재 가장 뜨거운 해당 분야의 이슈에 대해 가장 잘 알고 있는 사람들이 여전히 그 나라 학자들이니 그 네트워크 내에서 다음 수상자가 나오는 것은 자연스럽습니다. 노벨상은 복권이 아니니 확률적으로 받게 되는 것이 아닙니다.

그리고 이미 『한 줄 질문』 1권에서 밝혔지만 한국 산업을 발전시키는 데 큰 도움이 되었던 정부주도 개발주의는 노벨상을 받는 데는 역효과로 작용할 겁니다. 기술 추격은 이미 남들이 하던 것을 빠르게 따라가는 것이지만, 과학이론은 전혀 새로운 것을 만들어 나가는 것입니다. 차세대의 과학, 노벨상을 받을 만한 혁신은 절대 정부가 미리 알 수 없습니다. 그러니 때에 따라서는 오히려 오랜 방목형 투자가 유리할 수 있습니다. 대통령이나 국회의원 임기와 무관한 수십 년에 걸친 투자 말입니다. 그리고 나는 현재 한국이 도달한 단계를 볼 때 조급증만 없애면 노벨상도 곧 받게 될 거라고 낙관하는 편입니다. 많이 답했으니 그 정도로 정리해두겠습니다.

?

과학과 기술의 발전을 나누어 볼 때, 기술의 발전은 진보와 개량으로 무궁무진하다고 생각합니다. 반면 과학의 발전은 이에 비해 지극히 한정적이고 그 발전이 굉장히 어려울 것이라고 느끼는데, 교수님은 이런 기초과학의 발전이 지속적으로 가능한지에 대해 어떻게 생각하시는지 궁금합니다.

먼저 어려운 것이 불가능함을 의미하는 것이 아니고, 사실 굉장히 어려운 것을 하기 때문에 멋진 것이죠. 발전이 어려운 것과 발전이 지속가능한 것과는 전혀 상관없는 맥락입니다.

오늘날 기초과학과 응용기술이라는 구도 자체가 그리 유효하지 않은 개념이지만, 일반론적으로 공학에서 발생하는 개량이나 혁신보다는 기초과학에서 혁신적 이론이 나타날 확률이 낮은 편이라는 큰 그림은 동의합니다. 그런데 바로 그런 과학적 혁신들이 기술의 무궁무진한 진보와 개량을 만들어준 것입니다. 과학의 발전이 지속가능하지 않다면 기술의 발전도 그렇습니다.

그리고 사실 정확히는 과학과 기술 모두 어려운 혁신이 있고,

비교적 쉬운 개량이 있습니다. 분야에 따라 쉽고 어렵다는 생각이 이상한 것입니다. 최고의 요리도 어렵고, 최고의 정치도, 최고의 피겨스케이팅도 어렵습니다. 고만고만하게 하려면 모든 것이 다 상대적으로 쉬울 겁니다.

?

한번 문화로 정착한 기술표준은 그것이 비효율적이라 할지라도 잘 바뀌지 않는다고 배웠습니다. 거대 권력의 힘 없이, 사람들의 편리함에 대한 추구만으로도 표준이 변화한 사례는 없을까요? 대중의 교육수준 향상에 따른 기술표준 채택양상의 변화 등은 없는지도 궁금합니다.

'잘' 바뀌지 않는다는 내 말 안에 사실 답이 있습니다. 안 바뀌는 것은 아닙니다. 실패한 사례만 내가 들어 그런 것 같은데, 사실 특별히 막지 않으면 모두들 편리한 기술을 잘 선택해 갑니다.

대중의 교육수준 향상에 따른 기술표준 채택양상의 변화 사례로는 오늘날 많이 보는 시민운동들을 들 수 있겠지요. 전 세계적 고래잡이 금지라던가, 지구온난화를 막기 위해 온실가스를 줄이자고 하거나, 녹색성장을 하자는 것들도 모두 그런 사례들인 셈입니다. 교육된 대중이 없었다면 불가능했을 일이지요. 그리고 잘 안 되지만 분명히 되어가고는 있죠?

?

지구가 우주 중심에 정지해 있다고 보는 천동설에서는 지구의 '자전'과 '자전축' 개념이 없나요? 그렇다면 계절의 개념은 어떻게 설명하나요?

가끔씩 나오는 질문입니다. 먼저 천동설에서는 당연히 지구는 자전하지 않으니 자전축 개념은 없습니다. 계절은 분명히 자전축이 기울어져 있어서 태양고도의 높낮이가 바뀌며 발생하지요. 그러면 천동설에서는 자전축 없이 계절을 어떻게 설명했겠는가라는 건데, 사실 간단합니다. 지동설과 똑같이 태양고도가 낮아지면 겨울, 높아지면 여름인 겁니다. 태양이 지구를 돌면서 조금씩 고도가 낮아지다 동지에 가장 낮고, 이후 조금씩 높아지다가 하지에 고도가 가장 높은 거지요. 말 그대로 관찰 사실대로 얘기하면 됩니다. 지동설로 바꾸면 태양고도가 높아지고 낮아지는 '이유'가 지구 자전축이 기울어져 있어서라는 설명이 추가되는 거구요. 우리는 이미 자전축이라는 개념을 배웠기 때문에 자연스럽게 나오게 되는 질문일 겁니다. 그 개념 자체가 없었을 때 그 개념으로 계절을 설명할 필요는 전혀 없는 거지요.

핵에 중성자를 쏘아 핵분열을 일으킬 수 있다면
모래를 금으로 바꾸는 연금술도 가능하지 않을
까요?

궁극적으로, 이론적으로는 그렇습니다. 실제로 원자핵에 대한 연구들을 '현대판 연금술'이라고 많이 표현합니다. 원자 종류를 결정하는 것은 결국 원자핵 안의 양성자 개수고 그걸 원자번호라고 부른다는 것은 알지요? 예를 들어 금 원자번호는 79니까 원자번호 80인 수은의 원자핵에서 양성자를 하나 빼내면 금이 되는 겁니다. 물론 원자번호 82인 납에서 3개 빼거나, 원자번호 74인 텅스텐에서 5개 더해도 마찬가지겠지요. 말은 아주 쉽지만 문제는 그런 기술이 '경제성을 갖춘 형태로' 출현하려면 언제쯤이 될까라는 것입니다. 나는 '21세기에는 불가능하다'에 한 표 걸어두겠습니다. (웃음)

?

퀴리부부의 사례처럼 처음에는 방사능의 위험성
을 잘 몰랐던 것 같은데 그 위험성은 언제 어떻게
알려졌나요?

　1920년대까지 라듐을 넣은 물을 건강음료로 팔았을 정도
였지요. 물론 어떤 경우는 위험하고 어떤 경우는 암 치료 효
과도 있는 등 양면성이 있었으니까요. 그러면서 연구자들이
1920~1930년대 방사능 부작용이 생기기 시작했고, 대중들에
게는 아이러니하게도 원자폭탄 이후에야 제대로 알려졌습니다.
또 1950년대까지도 미군에는 원자폭탄이 떨어진 적진에 돌격
하는 아토믹 솔저가 있었고 그로 인해 피해자가 발생했습니다.
지금 생각하면 황당한 얘기죠. 사실 원자력의 위험성을 넘어서
서 기술의 위험성이나 환경보호 등의 생각이 제대로 자리 잡기
시작한 것은 1960년대 이후라고 할 수 있습니다.

?

고대 그리스에서 지동설을 주장했던 극소수 학자들이 있었듯, 현대에도 천동설을 주장하는 사람들이 있을까요? 있다면 그들의 근거가 무엇일까요?

그러게요. 있을까요? (웃음) 있으면 재미있겠네요. 내가 아는 한 합리적 이론으로 들어본 적은 없습니다. 지구 공동설 같은 음모론이나 SF 수준의 황당 설명이 아니면요. 현대 주류 과학의 영역 안에서 그런 주장은 사실상 불가능하겠지요.

하지만 그냥 지동설 자체를 모르는 사람들은 꽤 많이 있겠죠? 아프리카 마사이족 전사나 남미의 조에족이나 등등 말입니다. 그들에겐 땅이 평평하고 정지해 있겠죠. 알다시피 지동설을 몰라도 그들이 생활하는 데 별 문제는 없습니다. (웃음) 그런데 그런 경우는 '현대'라는 말을 붙일 필요는 없겠지요.

태어날 때부터 유전적으로 자랄 수 있는 키가 정해져 있다는데 맞는지요?

짧게 대답하면 언제나 오해를 낳게 되는 질문이기도 합니다. 먼저 사람 키가 3m인 경우는 본 적 없을 겁니다. 우리는 코끼리나 기린이 아니라 인간의 DNA를 가지고 있기 때문이지요. 그건 분명히 DNA 때문이 맞습니다. 그런데 미국으로 이민 간 재미교포 이민 2세들을 보면 키가 부모 세대보다 훨씬 큽니다. 이 경우 유전보다는 생활방식의 차이가 큰 키를 만들어준 경우임을 잘 알 수 있습니다.

그러니 어떤 맥락으로 물었는지가 중요합니다. 어떤 사람들은 영양 상태가 좋아도 왜소한 체격인 경우도 있습니다. 병 혹은 유전적 영향 때문일 수도 있습니다. 키에 영향을 미칠 수 있는 요인은 무수히 많습니다. 일반적으로 DNA는 우리가 성장할 수 있는 정도의 범위를 결정해준다는 선에서 이해하는 게 옳겠지요. 30cm나 3m 인간이 나오지 않는 이유는 분명히 유전자 때문이 맞습니다. 하지만 내 키가 2m 이하의 보통 키 사이 어느 정도에 놓일지는 유전자 외의 요인들이 큰 영향을 줄 겁니다.

교수님이 생각하는 과학의 끝은 무엇인지 궁금합니다. 결국 모든 원리를 수학적으로 표현하는 것이 과학의 끝이라고 볼 수 있을까요?

글쎄요. 끝이 있을까요? 끝나면 무슨 재미로 살죠? (웃음) 먼저 과학이 과연 끝이 있건 없건, 어린아이 같은 지구 문명 속에 살고 있는 우리가 과학의 끝을 얘기한다는 것은 다섯 살 꼬마가 늙어죽는 것을 걱정하는 것과 비슷하다고 생각합니다. 우리는 아직 우주의 비밀에 털끝 정도 건드려본 것뿐이고, 넘쳐나는 미지의 영역이 과학 안에 남아 있습니다.

그리고 문명의 성장 정도에 따라 예술, 수학, 철학, 과학, 종교 등의 전 분야가 어우러지게 될 것이고, 과학뿐만 아니라 학문 전체의 이상적 통합이 달성되고 그것이 사회 전반에 왜곡 없이 발현되는 것이 인류적 목적달성 아닐까요? 굳이 과학의 끝이라면 그것이 끝이라 할 수 있겠네요.

?

스티븐 호킹은 그의 실증주의적 관점을 통해 '철학은 죽었다'며 자연철학을 비판했고, 철학이 과학적 업적을 따라가지 못한다고 말했습니다.

실제로 많은 철학적 질문들은 우주론과 물리학에 관한 것이고, 현대과학의 발전으로 거의 모든 문제에 대해 해답을 찾았고, 그러한 문제들을 제외하면 남겨진 철학은 정신적·종교적 영역뿐입니다. 물론 근원에 대한 철학적 물음이 연구의 토대가 되었고, 과학과 철학을 이분법으로 나눠 생각할 수 없지만, 과학이 점차 진보해 갈수록 철학은 입지가 줄어든다고 생각합니다. 그렇다면 미래 철학의 위치는 어디에 있다고 봐야 하며 그 가치와 위상은 변하는 것인지 교수님께 묻고 싶습니다.

대답하기 겁날 만큼 많은 생각을 해본 멋진 질문이네요. 나 같은 보통 사람이 답할 만한 질문인가 싶기도 할 정도구요. 많은 답이 가능할 만한 질문이지만, 역시 내 생각의 편린만 답으로 내놓겠습니다.

먼저 호킹이 '철학은 죽었다'라고 말했을 때 무슨 의미로 얘기한 것인지 명확히 정리할 필요가 있습니다. 내가 보아 이 말의 맥락은 현재 '직업상' 과학자들의 업적을, '직업상' 철학자들이 제대로 못 따라가고 있다는 얘기로 들립니다. 절대 철학이 필요 없어졌다는 표현이 아닙니다. 이 질문에 대한 답은 질문자가 언급한 대로 과학과 철학을 이분법으로 나눠 생각할 수 없다는 말 안에 있을 듯합니다.

예를 하나 들어보지요. 20세기 초에 베를린대학 인문학 교수가 이런 말을 했다고 합니다. "오늘날 (제대로 된) 철학자가 없다는 말들을 많이 듣는다. 그렇지 않다. 제대로 된 철학자는 다른 단과대학에 있을 뿐이다. 플랑크와 아인슈타인이 그들이다." 호킹의 언급은 이런 말과 비슷한 맥락입니다.

그 말 그대로 플랑크와 아인슈타인이 철학자가 아니면 누가 철학자입니까? 지금까지 배운 상대성이론이 철학이 아니면 뭐가 철학입니까? 그리고 현대과학은 거의 모든 문제에 대한 답을 결코 찾지 못했습니다. 우리가 갈 길은 여전히 멉니다. 그 길은 당연히 철학이 인도할 겁니다. 과학 속의 정신이 철학이고, 그 철학의 발현이 과학입니다. 과학이 점차 진보하면 철학이 입지가 줄어든다는 것은 모순된 말입니다. 과학이 발전한 만큼 철학이 발전한 겁니다. 미래 철학의 위치는 과학과 함께 있을 것이고 과학의 가치와 위상만큼 철학도 그러할 것입니다.

뉴스를 보다보면 현재 대한민국에서 순수과학이나 인문학 등 바로 성과가 나지 않는 학문은 그렇지 않은 학문보다 투자나 후원이 잘 이루어지지 않는다고 하는데요. 대한민국에서 이 문제가 해결될 수 있다고 생각하시나요?

먼저 해결될 수 있는지의 문제가 아니라 해결해야만 하는 문제라고 생각합니다. 우리의 문제니까요. 분명히 단기성과주의는 과학의 심층적인 발전, 인문학의 융성에 결정적 방해물입니다. 결과까지 20~30년 걸리는 작업에 임기 4~5년의 정치인들이 별 관심을 기울이지 않는 것이 사실이지요. 그런데 이 문제는 현재 세계 각국에서 발생하고 있는 문제입니다.

당장 영국의 브렉시트나 미국의 트럼프 대통령 당선 등 여러 변화들의 공통점이 뭡니까? 지금 골치 아픈 문제들을 '시원하게 짧게' 만사를 해결해달라는 대중적 요구의 반영입니다. 대의명분이나 먼 미래를 위한 투자 따위는 나는 모르겠으니 '당장에 내가 배고프니 지금 먹을 것을 내놔라'라는 심리의 반영이지요. 이런 문제는 21세기 초 인류적·지구적 문제로 대두했습니다. 문명이 꿈을 잃고 있습니다. 그러니 모두 이기적 포유류로 변해가고 있는 것이지요. 아쉬운 흐름입니다. 인간은 미래를 꿈꿀 때 인간일 수 있습니다.

그나마 유럽은 과학이 '문화'로서 정착한 몇백 년의 기간이 있었기 때문에 아직은 상대적으로 그나마 상황이 좋은 것뿐입니다. 동아시아는 과학기술을 경제발전의 도구로 바라보는 경향이 훨씬 강하기 때문에 폐해도 더 크게 나타나는 편입니다. 질문자가 뉴스에서 보는 내용들은 그런 현상의 몇몇 사례들이고요.

당연하게도 단기성과주의의 유혹을 끊을 수 있어야 합니다. 대통령 임기나 그때그때의 시류에 따라 달라지지 않는 기본이 있어야 합니다. 그것은 자부심과 사명감이 있을 때 바뀔 수 있고 가능해질 수 있습니다. 그리고 제도가 뒷받침되어야 합니다.

그리고 국민이 정치에 관심을 가질 때 그 나라의 정치가 선진화될 수 있는 것처럼, 과학에 대한 이야기를 즐겁게 문화로서 향유할 수 있을 때 긴 안목의 과학과 학문에 대한 투자도 가능해집니다. 계속 말하지만 우리는 과학을 '즐길' 준비가 아직 안 되어 있습니다. 고행으로 과학을 하지 말고, 과학을 좋아서 해나가는 연습이 사회 전반에 필요합니다. 항상 얘기하는, 역사로서의 과학, 문화로서의 기술을 생소하게 느끼지 않을 수 있는 새로운 형태의 투자 말입니다.

과학이나 공학의 연구나 교육과정에서 비윤리
적인 일들이 일어나지 않도록 하기 위해서 현재
어떤 감시나 규제가 이루어지고 있는지 궁금합
니다.

일단 지난 10여 년 간 우리나라에서도 수많은 법령들이 생기
고 많은 교육들이 의무화되었습니다. 간단한 예를 들어 나는 지
난달에 청탁금지법 동영상 교육을 한 시간 의무 시청했고, 서약
서에 사인했습니다. 그리고 양성평등 교육 동영상도 15분 시청
했네요. 여러분들의 강의평가문항에는 '교수는 성차별적 발언을
했는가? 인종차별적 발언을 했는가?' 같은 문항들이 들어가고
있습니다.

공대 연구원들은 주기적으로 연구윤리, 생명윤리 등의 교육을
듣고 있습니다. 여러 가지 측면에서 규제와 교육이 이루어지고
있지요. 모두 10년 전까지는 없던 것들이었습니다. 어느 정도 효
과가 있느냐는 문제는 의견의 차이가 있을 수 있지만 그렇게 제
도는 지속적으로 조금씩 바뀌어가고 있습니다.

그리고 규제만으로는 상황을 해결하긴 힘들고 당연히 구체적

인 교육이 필요합니다. 연구윤리는 몰라서 지키지 못하는 경우가 많으니까요. 여러분들도 대학을 졸업하기 전에 연구윤리에 관한 책 한 권 정도는 반드시 읽어둘 수 있기 바랍니다.

?

수업 중 동영상에서도, 교수님 쓰신 책 『태양을 멈춘 사람들』에서도 마담 샤틀레의 이야기가 언급되었습니다. 마담 샤틀레가 볼테르를 후원하였고, 마담 샤틀레 또한 볼테르 못지않게 똑똑했던 사람이라고 생각됩니다. 하지만 마담 샤틀레는 볼테르만큼 유명하지 못한데, 그것이 단지 여성이라는 이유 때문인지 궁금합니다. (볼테르는 이름 정도는 들어봤지만 마담 샤틀레는 이름조차 생소했습니다.)

먼저 마담 샤틀레가 유명하지 못한 것은 '많은 부분' 여성이기 때문이었습니다. 하지만 뉴턴이나 라이프니츠처럼 도저히 언급하지 않고 지나갈 수 없는 경우였다면 결국 유명했을 겁니다. 그리고 마담 샤틀레의 업적에는 한 명의 업적이라고만 말하기 힘든 여러 업적이 포함되어 있습니다. 동영상 속에 나오는 피에르 모페르튀 같은 사람들도 모두 기라성 같은 사람들입니다. 우리는 그런 사람들도 다 모르지 않습니까. 남자들인데도요. 지금은 마담 샤틀레가 사회적 차별 속에서도 큰 업적을 만들어낸 여성과학

마담 샤틀레가 볼테르를 후원하였고, 마담 샤틀레 또한 볼테르 못지않게 똑똑했던 사람이라고
생각됩니다. 하지만 마담 샤틀레는 볼테르만큼 유명하지 못한데, 그것이 단지 여성이라는 이유
때문인지 궁금합니다.

자이기 때문에 오히려 그 남자들보다 많이 언급되는 편이구요.

그리고 볼테르와 마담 샤틀레의 비교라면 남자와 여자라는 구도의 비교는 적절하지 않습니다. 볼테르는 과학자가 아니라 계몽사상의 아버지로 불리는 시대의 멘토였습니다. 간단하게 현대에 비유해보면 우리는 오바마나 아웅산 수치 여사를 잘 알지, 똑똑하다고 힉스 입자 예측한 피터 힉스 같은 과학자를 잘 아는 것은 아니지 않습니까? 볼테르는 오바마나 아웅산 수치에 비유한다면, 마담 샤틀레는 피터 힉스 같은 경우라고 보면 그런대로 적절한 비유일 듯하네요. 답이 되었을까요?

21세기 이전의 여성과학자들의 지위는 마담 샤틀레, 퀴리부인같이 집안 배경, 지위, 후원이 있는 경우를 제외하고는 남성과 비교해봤을 때 매우 낮았던 것으로 보이는데, 21세기 여성 과학자의 지위는 어떤가요? 남성과 동등해졌는지, 아니면 유리천장과 같은 성차별이 만연한지 궁금합니다!

음, 느낌표로 끝나는 쎈(?) 질문이네요. 사회에 나가기 전인 여학생의 걱정 가득한 현실적 질문인 것 같습니다. (웃음) 역시 약방의 감초 같은 질문이고 기본적인 것은 이미 『한 줄 질문』 1권에 많은 답을 해놓았으니 살펴보기 바랍니다. 이미 언급한 내용들에 덧붙이자면, 먼저 과학이 보통의 남성들에게 개방된 것 자체가 20세기라고 봐야 합니다. 19세기까지 과학은 상위 1%의 남성과 0.0001%(?)의 여성들만 접근 가능했습니다. 시민사회가 자리잡고 공교육 체계를 통해 제대로 과학을 배우기 시작한 시기는 유럽도 19세기 말~20세기 초로 봐야 할 것이고, 한국의 남성들이 과학을 접한 때는 내가 보아 사실상 1960년대 이후로 보아야 할 겁니다. 즉 한국 과학의 첫 세대는 아직 생존해 있습니다. 먼저 동아시아 대부분의 남성들도 과학을 접하기 시작한지 얼마 되지 않았다는 것은 알아둘 필요가 있을 것이구요.

한국 여성들의 과학 참여가 유의미한 통계수치로 잡힐 정도가 된 것은 남성들에 비해 거의 한 세대 정도 뒤라고 할 수 있습니다. 알고 있다시피 이제 대학 입학생 수는 여성이 더 많아진지 오래되었고, 학부 단계까지의 양성평등은 어느 정도 이루어졌다고 생각합니다. 물론 각론에서 이 말에 이의는 분명히 제기될 수 있다는 전제는 두고서요. 내가 남성이라 얘기하기 조심스러운 부분이지요. (웃음)

하지만 직장에서라면 유리천장은 당연히 있을 것이라고 생각됩니다. 무엇보다 여성의 과학참여가 시작된 지 얼마 되지 않아 현재 과학기술계의 상층부에 여성 진출은 거의 이루어져 있지 않습니다. 그리고, 여성으로서 장벽을 느끼는 정도는 어떤 과학 분야인지에 따라 차이가 있을 겁니다. 그리고 그 정도의 차이는 해당분야에 여성이 진출한 비율과 상당히 관련이 있습니다.

예를 들어 법조계나 초·중등교육 쪽은 여성들의 진출이 너무 활발해서 역으로 남성에 대한 쿼터제 같은 것이 언급되지 않습니까? 많은 수의 여성들이 이미 참여하고 있는 과학기술분야는 상대적으로 성차별 문제가 약할 겁니다. 즉, 현실적인 문제에서는 자기 전공분야의 현재 상황을 세부적으로 잘 살펴봐야 합니다. '여성과학자의 지위'라는 분류 정도로는 너무 막연합니다.

그리고 과학분야냐 아니냐에 상관없이 여성들이 결정적 문제를 느끼는 시점은 30대의 임신과 육아로 인한 경력단절이고, 이것은 사회가 시스템적 차원에서 보완하지 않으면 당연히 명시적 차별들이 모두 사라져도 결국 불공평한 경쟁이 될 수밖에 없습니다.

그 정도 원론적인 얘기는 덧붙일 수 있겠네요. 아마 실감나는 사례를 얘기해주길 바랄 수도 있을 것 같습니다. 하지만 그런 부분은 나처럼 그 문제를 뼈속으로 느껴보지는 못했을 남성에게 묻는 것보다 현장에서 일하는 여성 선배들에게 자꾸 들어보는 시간을 가져보는 것이 좋다고 조언하고 싶습니다. 정말 질문한 학생으로서는 현실의 문제니까요. 전체 시스템을 개선해 나가기 위해서도 노력해야 하지만 개인적으로 조금이라도 문제가 덜 발생하는 쪽으로 인생의 코스를 조율해 나가는 노력도 필요할 겁니다.

법적으로 여성은 평등하지만 가부장적인 사회 분위기와 유교사상에 의한 문제로 아직까지 자유롭지 못하다고 생각합니다. 이런 한국 문화의 흐름에 대한 과학적인 요인이 있는지 궁금합니다.

음, 여기서도 '과학적인' 요인이 나와야 하는지는 모르겠습니다. (웃음) 하지만 양성평등의 실현에 관한 질문은 아주 많이 듣습니다. 먼저 나는 유교사상에 의한 문제로 여성이 자유롭지 못하다는 표현에 전혀 동의하지 않습니다. 그건 문제의 맥락을 잘못 짚은 것입니다. 그렇다면 유교사상 바깥의 문화권에서는 여성이 더 자유로웠어야 한다는 얘기입니다. 그런 문화권은 사실 없습니다. 중세 유럽에서 여성들이 자유로웠나요? 기독교 사상이던 유교사상이던 여성차별적 요소를 찾으면 언제나 찾아집니다. 하지만 언제나 해석이 바뀌어온 것도 사실입니다.

사실 성차별은 전 지구적 문제였습니다. 양성 평등은 어떤 전통의 가치와 관련 있는 것이라기보다는 근대의 가치입니다. 극히 최근의 100~200년의 역사기간 동안 보편적 인권의 강조와 함께 계급차별, 인종차별, 성차별은 철폐되어왔습니다. 그리고

『한 줄 질문』 1권에서 많이 언급한 것처럼 극히 최근 몇십 년 간에야 제대로 이루어지고 받아들여진 가치입니다. 현대문명의 특징이고, 그 가치를 받아들이는 것이 현대를 호흡하는 것입니다. 따라서 그것은 한국문화의 흐름과 연계지어야 하는 것이 아닙니다.

유교문화를 고수하는 한 여성은 차별될 수밖에 없다는 식의 논리는 우리는 서양과 다르니 본래 바꾸기 힘들다고 주장하거나 여성차별을 합리화하는 논리로 작용하게 됩니다. 아니면 유교나 우리전통을 폄하하는 논리가 될 뿐입니다. 그렇지 않습니다. 우리는 특히 문화가 별로 바뀌지 않는 것이라고 생각하는 경향이 강하기 때문에 결국 이런 생각은 많은 변화의 가능성을 포기하게 만들 수 있기에 주의해야 합니다.

얼마 전 TV 다큐멘터리를 보니 스웨덴에서 육아휴직을 하며 자녀를 자연스럽게 돌보는 스웨덴 남성들의 이야기가 나왔습니다. 한국 어머니들이 보면 아주 부러웠을 장면들이었습니다. 그런데 진행자가 물어봤습니다. 이것이 '스웨덴의 문화'냐고요. 한 아빠의 대답이 인상적이었습니다. 나의 아버지도 지금 한국의 아버지들처럼 회사에 가면 거의 얼굴을 볼 수 없는 사람이었다는 겁니다. 그런데 스웨덴은 20~30년 전에 법을 바꾸었고, 남성의 육아휴직을 강제하거나 지원금을 지급하는 정책을 강력하게 추진하면서 서서히 문화가 바뀌었다는 겁니다. 그렇게 우리가 '스웨덴의 문화'라고 느끼는 스웨덴의 특성은 겨우 몇십 년 전에 생긴 것이지요. 그것은 '전통문화' 같은 것이 아니었습니다. 실제 필요한 것은 제도를 바꾸는 것이었고, 제도가 바뀌면 아주 빠르게 우리가 문화라고 생각했던 것들이 바뀔 수 있습니다. 한국의 경우 IMF 이후에 맞벌이가 일반화되었기 때문에 현재의 육아문제가 발생한 지 20년 정도 지난 셈입니다. 그러니 이제 사회전반에서 강력하게 남성의 육아나 육아휴직 문제가 수면 위로 떠오른 겁니다. 그리고 보다시피 제도를 바꾸어 잘 적응해낸 많은 국가들의 사례가 있습니다. 잘 따라 배우면 되는 겁니다. 스웨덴은 가능했지만 우리는 유교문화 때문에 불가능할 것이라는 생각을 먼저 없애야 합니다. '한국남성들은 안 될 것이다'라는 얘기니 그거야말로 한국 남성비하인데요. (웃음)

다른 사례를 들어주겠습니다. 내가 대학을 다니던 1990년대 초반 한국에서는 성매매가 불법이 아니었습니다. 그러면 마치 성매매 업소에 가는 것이 남자답거나 어른이 된 것이라거나 하는 식의 문화가 존재하게 됩니다. 심지어 어떤 경우에는 선배나 친구들이 크게 축하해줄 일이 있거나 힘든 일이 있을 때 후배나 친구를 돈을 모아 그런 곳에 보내주는 것을 크게 선심 쓰는 듯 생각하기도 했습니다.

지금 몇몇 학생들의 표정을 보니 아주 황당한 느낌인 모양입니다. 아주 생소하지요? 그런데 불과 20년 전 한국의 이야기입니다. 왜 여러분이 이런 분위기를 못 떠올리게 되느냐 하면 그간 법이 바뀌어 성매매가 '불법'이 되었기 때문입니다. 법에 의해 분명하게 '나쁜 것'으로 규정되었기 때문에 남녀 모두 성매매를 바라보는 시각이 '급격히' 바뀐 겁니다. 그만큼 법과 제도는 강력한 것입니다. 이렇게 뚜렷이 효과가 있지 않습니까?

성매매 특별법이 제정될 때 여러 반론들이 있었습니다. 주로 '성적 본능은 막을 수 없기 때문에 강제로 억누르게 되면 오히려 성폭력이 크게 증가할 것이다'라는 식의 반론이었던 것으로 기억납니다. 이런 논리야말로 사실 '남성비하'겠지요. 우리 '사람 남자'들이 황소개구리나 바다사자입니까? (웃음) 알다시피 모든 성매매를 막지는 못하지만, 한국사회의 문화는 결정적으로 바뀌었습니다. 아까 내 얘기에 여러분의 반응이 그것을 증명해줍니다. 아직 부족하겠지만 내가 보기에 그 법은 분명히 여성의 지위, 나아가 인간의 지위를 향상시킨 법적 조처였습니다.

우리는 우리가 알고 있는 세계가 얼마나 최근에 만들어진 것인지 알아야 합니다. 그 짧은 시간에 비하면 정말 많은 것을 바꾸고 해냈습니다. 하지만 당연히 아직 취약한 측면이 있습니다. 많은 사람들이 문화의 영향을 확대해석하고 제도의 영향을 축소 해석하는 경향이 있습니다. 하지만 제도는 충분히 문화를 바꿉니다. 그래서 정치적·제도적 변화가 중요한 것입니다. 아직 한국여성이 자유롭지 못한 '과학적인' 요인이 있다면 우리가 문화 탓을 하며 제도를 바꾸기 위한 적극적 노력을 하지 않고 있기 때문은 아닐까요?

다시 과학을 부흥시키려면 사회적인 면에서 어
떤 노력들이 필요할까요?

어려운 질문이고, 사람마다 여러 가지 답을 할 수 있는 질문이
기도 하네요. 그러니 내가 중요하다고 생각하는 몇 가지를 제시
하는 형태로만 답하겠습니다.

먼저 과학을 부흥시키는 방법과 학문을 부흥시키는 방법은
같습니다. 나는 학문의 부흥을 위해서는 '실용'의 의미를 왜곡시
키는 얼치기 실용주의를 벗어나야 한다고 자주 말해왔습니다.
요즈음 '실용주의'라는 표현은 내가 보기에 단기성과주의를 가
르치는 말에 불과합니다. 긴 안목으로 대처해야 하는 일에 자꾸
만 빨리 성과를 내기를 바라며 실용이라는 좋은 단어를 앞세우
고 있습니다. 이런 잘못된 흐름에는 당당하게 반대할 수 있어야
한다고 봅니다.

지금 사회 분위기는 이렇게 표현해볼 수 있습니다. 예를 들어
'소녀시대'라는 걸그룹이 성공하면 사회는 새로운 소녀시대를
만들겠다며 호들갑을 떱니다. 하지만 사회가 해야 할 일은 새로
운 소녀시대를 만드는 것이 아니라 새로운 이수만을 키워낼 수

있는 사회적 분위기를 만들어야 합니다. 그러면 그 새로운 이수만이 새로운 소녀시대를 만들게 되는 것이구요. 정부 정책의 기조노 마찬가지가 되어야 합니다. 그리고 사회뿐 아니라 기업도 마찬가지입니다.

20세기 IBM이나 AT&T 같은 대기업들은 순수기술의 요람이었습니다. 아무 경제적 실익을 제공하지도 못하는 10년 이상 걸릴 연구들을 느긋하게 지원해줬습니다. 그래서 우리가 알고 있는 IT 산업이 나타날 수 있었습니다. 하지만 지금의 대기업들은 분명 경박해졌습니다. 주주들도 그런 장기 프로젝트를 지원하면 돈 낭비라고 생각하고, 당장 내년의 주가를 올려놓으라는 식으로 윽박지르는 형국입니다. 그러니 단기속성으로 재배하는 콩나물만 양산되고, 뿌리를 땅에 내리고 큰 나무가 될 수 있는 과학기술연구는 우선순위에서 계속 밀리게 됩니다. 이런 분위기는 분명히 과학발전의 장애물이 될 수밖에 없습니다.

그리고 수많은 '금지'를 양산하는 형태의 목표제시 방법도 문제입니다. 선물이 비리의 온상이 되니 선물을 주지 말라거나, 수학여행을 가면 사고가 나니 수학여행을 가지 말라는 식의 대응은 문제의 궁극적 해법이 될 수 없습니다. 아무 문제도 일으키지 않으려는 전략은 결국 아무 일도 하지 않는 행동으로 귀결될 뿐입니다. '내일 일도 모르는데 10년 뒤를 생각하라', '성추행으로 몰릴 수 있으니 옆집 귀여운 아이 머리 쓰다듬지 마라' 이런 분위기에서는 결코 혁신은 일어날 수 없습니다. 이런 대응의 배후에 있는 시각들을 다시 생각해볼 필요가 있습니다. 기본적으로 그 시각은 인간과 사회조직에 대한 불신에 있습니다. 보다시피 사회지도층부터 주변까지 아무도 못 믿게 된 것이 가장 큰 문제입니다. 교육청은 교사를 '감시'하고, 교육부는 학교를 감시하는 것이 자랑인 시절이 되어버렸지 않습니까? 지금 우리 사회는 엄청난 불신비용을 치르고 있고 그 대응방법은 필연적으로 법가(法家)적인 고압적 규제로 귀결되게 됩니다. 법가적 대응은 과학과 학문에 독입니다. 어떤 과감한 대응도 불가능해집니다. 법과 감시를 강화하고 처벌을 엄격히 해서 문제를 해결하겠다는 것은 어리석은 생각이요, 방법이 정말 없을 때의 차선책일 뿐입니다. 전가의 보도처럼 휘두를 일은 결코 아닙니다. 이것이 중요한 문제인데 해결은 쉽지 않습니다. 여러분들, 그 해법을 고민해 보기 바랍니다.

그리고 재미있는 사실 한 가지를 덧붙이면, 이런 질문들은 현재 자율자동차 연구에서 핵심으로 떠오르고 있는 질문이라는 겁니다. 아까의 질문을 자동차로 바꿔봤을 때, 운전자가 사람이라도 문제는 복잡합니다. 그런데 문제를 자율주행 자동차로 바꿨을 때는 훨씬 복잡한 문제가 되어버립니다. 자율주행 프로그램이 핸들을 꺾어 한 명을 죽이게 설계해야 할까요? 그냥 직진해서 다섯 명을 죽이게 설계해야 할까요? 선택이 가능은 할까요? 그리고 핸들을 꺾으면 죽을 사람이 자동차에 탄 승객이라면 어떨까요? 또 탄 승객을 죽이는 선택을 할 차량을 고객이 구입할까요? 승객 한명을 살리기 위해 보행자 다섯 명을 죽이는 자동차를 허용해야 할까요?

자, 만만치 않죠? 재미있게도 인공지능의 발전은 이렇게 윤리의 근본문제를 극한까지 생각하게 만드는 수준까지 왔습니다. 과학기술이 과학기술의 문제만이 아니고 그 안에서 답이 나올 문제도 아니라는 것을 잘 보여주는 사례입니다. 이제 앞으로 십수 년은 치열한 논쟁들이 발생할 겁니다.

과학에 대한
역사적 오해와 의문들

3

· 요즘은 종교인이랑 과학자는 완전히 정반대의 생각을 가진 직업인데, 언제부터 지금처럼 서로 싫어하게 되었는지요?

· 르네상스적 탐구방식, 즉 모든 것에 대한 만능인으로서의 조예가 깊은 것이 오늘날에도 필요할까요?

· 아인슈타인은 노벨상을 받았지만 상대성이론으로 받은 것은 아니라는 수업내용에 잠시 충격을 받았습니다. 왜 못 받았을까요?

· 중국의 영향으로 서양의 과학발전에 큰 도움이 되었음을 들었습니다. 그렇다면 반대로 중국 등 아시아에 영향을 끼친 서양의 문화문물은 있나요?

· 기존의 고대 문명들과 달리 유독 고대 그리스에서 기하학이 발전하게 된 동기가 궁금합니다. 그저 단순한 호기심이었을까요?

· 다빈치는 예술과 과학을 융합한 사람입니다. 다빈치는 과학자에 가깝습니까? 예술가에 가깝습니까?

· 거대 자본과 권력의 존재가 없었다면 현대과학과 과학혁명은 이루어질 수 있었을까요?

?

2차 대전 시기, 즉 나치 집권 시기 독일은 유대인의 업적을 틀린 것으로 간주하거나, 독일인의 것으로 왜곡해서 가르쳤다고 말씀해주셨습니다. 그러면, 독일은 패전 이후 이런 잘못된 교육방식을 바로잡는 데 독일 정부의 어떤 노력이 있었는지 궁금합니다. 일본과는 과거사 문제로 많은 충돌이 있는데, 독일의 경우 그런 이야기는 못 들어본 것 같아 질문 드립니다.

좋은 질문인데 답은 의외로 단순합니다. 거짓말을 만들어 가르치기가 힘들지 사실대로 가르치는 것이 뭐가 어렵겠습니까? 독일이 과거사 정리에 많은 노력을 기울였지만, 그 방법론은 패전 이후에는 그냥 사실대로 가르쳤다고 생각하면 편하게 이해할 수 있습니다. 독일의 범죄를 범죄로서 가르치고, 유대인의 업적을 업적 그대로 가르친 것뿐입니다.

우리가 흔히 일본과 과거사 정리가 힘들다고 많이 이야기하니까 독일도 그랬을 것이라고 생각할 수 있습니다. 전혀 상황이 다른 것은 나치 독일의 지배세력은 철저하게 권력에서 멀어졌

습니다. 나치의 박해를 받던 사람들이 전후 독일의 정치를 책임
졌습니다. 그래서 나치전범들은 혹독한 처벌을 받았고, 강제수
용소에서 일하던 독일병사들은 이등병까지 아흔 살이 넘도록
추적해서 기어이 감옥에 보내는 모습을 요즈음도 심심찮게 뉴
스로 볼 겁니다. 우리가 보기엔 좀 심하다고 느껴질 정도로 독일
의 과거사 정리는 그렇게 엄격했습니다.

반면 일본은 전쟁책임자인 천왕이 일단 자신의 지위를 보전
했습니다. 전쟁을 지휘하던 몇몇 핵심 인물들만 처벌 받았고, 대
부분의 권력자들은 전후에도 자신의 지위를 유지했습니다. 그
러니 교과서는 그들의 행동을 정당화하는 형태로 기술될 수밖
에 없었습니다. 즉 잘못된 교육은 옳지 못한 권력의 중추가 정리
되지 못했기 때문에 생겨날 뿐입니다. 어쩌면 일본인들에게 주
어진 가장 큰 형벌은 천황제를 유지시킴으로써 일본이 진정한
근대국가가 될 수 없게끔 한 것인지도 모릅니다. 씁쓸하게도 21
세기에도 20세기 초반의 역사기술 문제로 주변국과 불필요한
마찰을 빚는 것은 그 부작용들의 단면이라 할 수 있습니다.

르네상스 시기나 과학혁명기 과학자들은 자신의 신앙을 과학으로 증명하고자 하는 모습을 보입니다. 현재의 과학자들은 그러한 경향이 거의 없는데 이 변화의 기준이 되는 시기가 있는지, 그렇다면 그런 변화를 일으킨 사건이 있는지 궁금합니다.

신에 대한 과학자들의 태도변화도 당연히 시대의 변화과정, 과학의 변화과정과 상관이 있습니다. 관련된 특정 시점을 정확하게 제시하기는 힘든 것이고, 역사진행 과정에서 서서히 변해 온 것은 맞습니다만, 단순화해서 바라본다면 한 분기점은 제시해볼 수 있을 겁니다. 왕과 교회의 권위가 결정적으로 약화되고 현재와 유사한 시민사회를 형성하자는 분위기가 형성된 것은, 계몽사상의 대두와 그로 인한 시민혁명의 발생으로 말미암았다고 볼 수 있습니다. 분명 이 과정에는 교회에 대한 적의가 신에 대한 부정을 강화시킨 측면이 있지요.

그리고 계몽사상 역시 과학혁명의 영향하에 있습니다. 그러니 과학의 대두 자체도 분명 이 흐름에 영향을 주었습니다. 하지만 그렇더라도 과학의 발전 자체가 신앙과 멀어지는 계기가 되었다는 형태로 이해하는 것은 잘못입니다. 과학적 지식은 무신론의 강화에도 신앙의 강화에도 얼마든지 사용될 수 있습니다. 과학이라는 새로운 지식의 형태를 사용해서 학자들은 신앙에도 다른 방식으로 접근해 갔다고 보면 될 겁니다. 그 과정에서 잡다한 노선의 충돌도 있었고요.

과학혁명 이후 수백 년간 자연 속의 질서를 찾아내면서 많은 과학자들은 오묘하게 동작하는 자연을 관찰하면서 신의 섭리에 계속 탄복했습니다. 그런데 보다시피 단지 '신'보다는 '자연'이라는 단어를 더 선호하는 시대가 되었을 뿐이지요. 요즘은 자연의 섭리 정도로 표현하는 경우가 많아졌지요. 신비란 말이 신의 비밀이라는 말 아닙니까? 몰랐을 때는 신비이고 알면 지식이라는 말도 의미가 있지만, 몰랐을 때 신비했지만 알고 나니 더 신비한 것 아닐까요? 현대 과학자들도 그런 의미에서 자신의 신앙을 계속 증명 중인 셈이고요. (웃음)

요즘은 종교인이랑 과학자는 완전히 정반대의
생각을 가진 직업인데, 오늘 수업을 들어보니 예
전에는 안 그랬나 봐요. 언제부터 지금처럼 서로
싫어하게 됐는지 궁금합니다.

　질문 안에 역시 흔히 듣곤 하는 대중적 오해들이 개입된 정보
가 있습니다. 나는 현재 종교인과 과학자가 싫어한다는 것도, 정
반대의 생각을 가진 직업이라는 것도 별로 동의하지 않습니다.
교회나 절에 가면 과학하지 말라고 가르치나요? 왜 그렇게 생각
하는지 나로서는 그게 재미있게 생각됩니다. 창조진화논쟁 정
도 말고는 특별히 들어본 어떤 충돌사례가 있나요? 정확히는 과
학과 종교가 싫어하는 것이 아니라 종교를 싫어하는 과학자도
있는 겁니다. 종교를 싫어하는 인문학자, 사회학자, 예술가도 있
는 것처럼요. 과학자가 특별히 종교를 싫어할 것이라는 생각은
말 그대로 막연한 생각일 뿐입니다.
　아마도 질문자가 떠올린 것은 '영혼, 천국과 지옥, 윤회 같은
개념을 이야기하는 종교는 과학에 반한다'라는 정도일 텐데, 정
확히는 과학은 그런 개념들에 대해 어떤 답도 한 적 없으며, 현

재의 과학 내에서 다룰 필요 없거나 다룰 수 없는 개념이다 정도
에 동의할 수 있는 것이겠지요. 또 그런 개념들이 없어지거나 다
른 방식으로 설명된다고 해서 종교가 성립 못할 것도 없고요.

봉건사회에서 과학자들이 과학을 하면서 임금을 받을 수 있는 이유가 궁금합니다. 봉건사회에서 과학이 어떤 가치를 가질 수 있었을까요?

과학하면서 임금을 받지 못하니 18세기 라브와지에도 직업은 세금 징수관이었죠? 봉건시대뿐 아니라 19세기까지도 과학자는 직업군으로 부르기에는 조금 무리가 있습니다. 단 분명하게 고대부터 필요한 과학계통 종사자는 있습니다. 바로 천문학자입니다. 지금은 돈과 실용성과는 거의 상관없는 순수학문으로 생각될 수 있습니다만, 사실 문명사회에서 시간과 방위의 측정은 모두 천문학과 관련이 있고 절기를 살피고 농업을 진행시키는 핵심적 작업의 중심이 천문학입니다. 그래서 티코 브라헤도 케플러도 모두 궁정 천문학자였던 것이고요. 갈릴레오는 대학의 '수학'교수에서 궁정 '철학자'가 된 경우였죠? 그러니 정확히는 오늘날 과학자로 분류될 수 있는 사람들이 다른 이유로 임금을 받은 셈이지 과학하면서 임금을 받았다라고 말하기는 무리가 있습니다. 천문학 같은 일부 예외를 제외하면요.

?

르네상스적 탐구방식, 즉 모든 것에 대한 만능인으로서의 조예가 깊은 것이 오늘날에도 필수적일 정도로 유용할까요? 전문적 지식보다 종합이 좋다는 건 이해하겠지만, 효율이란 측면에선 어떨지 교수님의 의견이 궁금합니다.

내가 르네상스인적 태도를 옹호한 것은 사실이지만 당연히 시대가 다르면 그 시대에 맞게 방법론을 적용해야겠지요. 그리고 전문적 지식 자체가 종합의 결과라는 것이지 전문적 지식과 종합이 따로 있다는 의미도 절대 아닙니다.

예를 들어 어떤 특정 부위가 아픈 이유는 수백 가지가 있을 수 있을 텐데 의사가 정확한 병명을 알아내는 '전문적 지식'을 가지려면 인체에 대해 얼마나 많은 '종합'적 지식을 갖추고 있어야 하겠습니까? 의사의 전문지식이 종합적 지식 아닌가요? 효율이란 측면에서도 당연히 중요합니다. 그러니 전문지식이 뭔지를 많은 이들이 오해하고 있다는 것입니다.

그리고 안과, 내과, 외과에서 협진을 할 때도 웬만큼 상대 분야에 대한 의사들만의 지식의 공유는 이루어져 있어야 그 대화가 가능하겠지요. 그만큼 전문적 지식과 종합은 뗄 수 없는 관계입니다. 사실은 모든, 제대로 된 연구와 일은 지금도 언제나 그렇게 하고 있다는 사실입니다. 학생들은 그것을 잘 모를 수 있습니다. 융합이든 종합이든 다빈치처럼 자연스럽게 하라는 것입니다. 귀에 못이 박히게 얘기하지만 절대 지식의 양을 늘리라는 의미가 아닙니다. 나이가 들어 시간이 지난 후에도 언제나 새로운 것을 배울 준비가 되어 있느냐가 중요합니다. 그리고 덧붙여 사회가 그럴 기회를 주고 있느냐도 중요하고요.

왜 인쇄술은 서양 이외의 지역에서는 발달하지
못했나요? 꽤 직관적인 기술이고 아랍과 동양에
서도 책의 수요가 적지 않았을 텐데요.

인쇄술에 관한 내용은 매학기 두세 건 정도는 받게 되는 단골
한 줄 질문 중 하나입니다. 그리고 질문의 내용도 비슷한데 이
질문은 조금 다른 맥락이 들어 있네요. 일단 인쇄술과 관련된 일
반적 많은 오해들은 『한 줄 질문』 1권에서 언급했으니 한번 읽
어보도록 하세요.

이번엔 이 질문 안에서 이야기한 꽤 '직관적인 기술'이라는 부
분에 대해 첨언하겠습니다. 인쇄술이 직관적인 기술이라면 왜
유럽은 15세기에 와서야 인쇄술을 발명하게 되었을까요? 최소
2000년 이상의 시간 동안 왜 필사한 책을 사용했을까요? 사실
인쇄술은 그만큼 만들기 어려운 기술입니다. 아이디어는 직관
적일지 모르지만 인쇄기술은 다양한 기술이 융합된 복잡한 기
술이고 많은 비용과 시간이 필요합니다. 아마 아이디어 스케치
수준에서는 고대인들도 생각한 적이 있었을지도 모릅니다. 하
지만 중요한 것은 기술의 완성입니다.

중세까지는 학자의 수도 적었고 필사된 책들 정도면 수요를 충족할 수 있었다고 볼 수 있습니다. 그러니 그 이전에는 활자를 굳이 사용할 필요는 적었습니다. 그런데 15세기는 유럽이 책의 수요가 급증하는 시기이고, 똑같은 내용을 가진 책이 많이 필요해진 시기입니다. 그래서 구텐베르크는 인쇄술이 충분히 돈이 될 수 있다고 보았고요. 즉 인쇄술은 15세기가 되어서야 '필요에 의해' 개발이 시작되었습니다. 그리고 구텐베르크는 거의 파산상태에 이르러 말년을 보낸 것으로 추정됩니다. 평생 동안 인쇄술을 개발했지만 상업적 성공을 거둘 수 있는 단계까지 나아가기는 결코 쉽지 않았던 겁니다.

또 동아시아의 경우 인쇄술이 발전하지 않았다고 보는 것도 단순한 생각입니다. 인쇄술은 유럽보다 동아시아가 먼저 잘 발전했습니다. 고려의 팔만대장경이나 중국의 수많은 목판 인쇄물들을 생각해보세요. 아마 인쇄술을 '활자'에만 국한해서 생각하기 때문에 나오는 오해일 겁니다. 한자문화권인 동아시아에서는 당연히 활자의 필요성이 약합니다. 그래서 목판처럼 한 페이지씩 통째로 만드는 기술을 특별히 바꿔야 할 필요가 없었다고 볼 수 있고요. 그것을 인쇄술이 발달하지 않았다고 표현할 수는 없습니다. 그냥 서로 '조금 다른' 인쇄술을 사용한 겁니다. 그리고 우리가 알고 있는 고도로 자동화된 인쇄기술은 사실 19세기 이후에 나옵니다. 그것은 흔히 얘기하는 구텐베르크 인쇄술보다는 산업혁명의 연장선상에서 봐야 할 새로운 이야기입니다.

또 아랍에서는 인쇄술이 발전하지 않았다라고 말할 만한 것인지는 정확한 정보를 내가 모르기 때문에 무어라 말할 수는 없을 것 같습니다. 하지만 한 가지 재미있는 사례는 『코란』의 경우는 신성한 책이기 때문에 반드시 사람이 정성 들여 필사해야만 하는 것으로 인식되었다고 합니다. 그래서 19세기가 될 때까지 『코란』의 인쇄는 거부감이 많았던 것으로 압니다. 하지만 다른 '가벼운' 책들조차 인쇄를 못하게 막았던 것 같진 않습니다. 당연히 유럽에서 발달한 인쇄술이 있으니 잘 가져다 썼을 겁니다. 이미 남이 만들어놓은 기술이 있다면 따로 개발할 필요는 당연히 없지요.

?

과학사를 얘기할 때 주로 물리학자를 중심으로
이야기가 전개됩니다. 왜 우리는 물리학자를 중
심으로 과학사를 배우는 걸까요?

먼저 누가 설계하느냐에 따라서 얼마든지 물리학자가 아닌
과학자를 중심으로도 이야기를 전개할 수 있고 그런 책이나 수
업도 많이 있습니다. 그런데도 물리학을 다루는 과학사 책이 분
명히 더 많아 보입니다. 이유를 제시하라면 분명히 물리학이 과
학의 대표이고, 시작점이며, 가장 기본이 되는 분야이기 때문입
니다. 그래서 자료도 많은 것이겠지요.

그리고 사실 물리학자들이 중심이 된다기보다는 화학자들의
이야기가 많이 빠진다고 봐야 할 겁니다. 화학은 물리학과 연관
이 많아서 먼저 물리학 이야기를 한 이후 설명되어야 할 내용들
이 많이 있습니다. 그러니 라브와지에 같은 화학자들은 분명히
덜 알려져 있고, 퀴리부부나 러더퍼드처럼 모호한 경우에는 화
학자로서보다는 물리학자로 알려지는 경우가 많은 것이고요.

?

역사적으로 수많은 과학자를 보면 정상적인 결혼생활을 못한 과학자의 비율이 높습니다. (뉴턴, 아인슈타인 등) 왜 과학자들은 이성관계 혹은 인간관계가 원만하지 못한 경우가 많은지 이유를 모르겠습니다.

이것도 재미있는 질문이네요. 정말 그럴까요? 그런 경우만 기억나는 건 아니구요? (웃음) 아마도 유명한 과학자들의 특이한 이력은 위인전에서 계속 확대 재생산되기 때문에 발생하는 시각일 것 같습니다. 질문자가 언급한 경우 중 아인슈타인은 밀레바 마리치와 한 번 이혼했을 뿐이고, 두 번째 부인 엘자와는 사별했습니다. 정상적이지 못하다고까지 말할 사례는 아니지요. 19세기 패러데이, 맥스웰, 다윈으로부터 20세기 닐스 보어, 러더퍼드, 퀴리부부 등 셀 수 없이 유명한 학자들이 모두 잉꼬부부 소리 들으며 서로 사랑하며 모범적인 결혼생활을 했습니다. 그런데 슈뢰딩거 같은 특정인의 여성 편력 같은 것들이 훨씬 재미있으니 많이 듣게 될 뿐인 거지요.

일반적으로 전문적 학자들이 한 분야에 집중하다보면 외골수

적이거나 독신을 선택하게 되는 경우는 자연스러울 겁니다. 그건 유명한 문학가나 예술가들도 마찬가지이고요. 그런데 과학자가 훨씬 더 그런 비율이 높을 것이라는 점에 대해서는 별로 동의하기 힘듭니다. 그리고 18세기까지 학자는 성직자의 의미가 강했습니다. 갈릴레오가 사실혼 관계의 마리나 감바와 결혼하지 않은 이유는 두 가지를 추정합니다. 마리나 감바의 신분이 매우 낮았던 것도 이유이나, 당시는 학자들은 독신으로 사는 것이 일반적이었던 시기이기 때문이기도 하다는 것이죠. 뉴턴이 독신인 것도 이런 17세기 맥락까지는 염두에 두고 생각해야 할 겁니다.

?

아인슈타인은 노벨상을 받았지만 상대성이론이 노벨상을 받은 적은 없다는 교수님의 수업내용에서 잠시 충격을 받았습니다. 당연히 노벨상이 주어져야만 하는 이론이라고 생각했었거든요. 왜 못 받았는지 좀 더 구체적으로 설명해주십시오.

이미 수업시간에 말한 내용을 포함해서 정리해주겠습니다.

아인슈타인은 여덟 번 연속 노벨상 후보로 추천되다가 1922년에야 수상자가 됩니다. 1905년 특수상대성이론, 1915년 일반상대성이론, 1919년 에딩턴 탐험대가 일반상대성이론 검증까지 끝내는 일들이 모두 지나가고 난 뒤입니다. 그런데 그 노벨상조차도 광전효과에 관한 논문으로 노벨상을 받았습니다. 그러니 상대성이론 자체는 노벨상과 공식적으로 상관이 없지요.

그런데 사실 엄밀히 말하면 아인슈타인의 유명세는 바로 상대성이론 때문에 생겨났고, 그러니 아직도 아인슈타인에게 노벨상을 안 주고 있느냐는 여론의 압력이 노벨상위원회로서도 무시할 수 없는 상황이었을 겁니다. 그러면 생각해봐야 할 점은 상대성이론에 왜 '악착같이' 노벨상 위원회가 상을 수여하지 않았느냐는 것입니다.

먼저 노벨의 유언을 생각해봐야 합니다. 노벨상은 인류에게 큰 도움이 된 '실용적' 발견과 과학적 업적들에 주게 되어 있습니다. 그런데 상대성이론이 어떤 실용적 이익을 인류에게 주었는지는 당시로서는 애매한 부분이 많이 있습니다. 너무나 혁신적이고 '거대한' 이론은 당장에 실용적으로 사용될 확률은 낮지요. 하지만 이런 이유는 나중에 수많은 형이상학적 이론들에 노벨상이 많이 주어졌다는 것을 생각하면 조금 부족한 설명이 됩니다.

또 하나 생각할 것은 너무 혁신적인 이론은 사실이 아닌 것으로 판명될 확률도 높다는 것입니다. 지금 노벨상을 줬다가 10년도 안 되어 그 이론이 틀린 것으로 판명된다면 노벨상위원회는 경박했다는 말을 듣게 되겠지요. 그래서 검증이 어려운 우주론 분야에는 노벨상이 거의 주어지지 않았습니다. 스티븐 호킹처럼 유명한 사람도 노벨상을 아직까지 못 받은 것은 그의 탁월한 이론들이 주로 검증이 어려운 우주론 분야라는 점 때문이라고 볼 수 있습니다. 그리고 피터 힉스 교수가 힉스입자를 예측한 것은 1960년대였는데 무려 반세기가 지나서야 힉스입자 검증 뒤 노벨상을 받았습니다. 그래서 상대론 정도 되는 이론은 본래 오래 기다려야만 노벨상을 받을 수 있다고 보면 됩니다. 이론 자체가 너무 유명해져서 어쩌면 아인슈타인은 일찍 받게 된 것으로 볼 수도 있습니다.

이런 모든 정황을 생각해볼 때 '상대성이론 때문에 상을 주면

© Masr | Dreamstime.com

먼저 노벨의 유언을 생각해봐야 합니다. 노벨상은 인류에게 큰 도움이 된 '실용적' 발견과 과학적 업적들에 주게 되어 있습니다. 그런데 상대성이론이 어떤 실용적 이익을 인류에게 주었는지는 당시로서는 애매한 부분이 많이 있습니다. 너무나 혁신적이고 '거대한' 이론은 당장에 실용적으로 사용될 확률은 낮지요.

서도' 비교적 논쟁의 여지가 없는 다른 업적으로 아인슈타인에게 노벨상을 주고 있는 노벨상위원회의 입장을 생각해보면 재미가 있을 겁니다.

그리고 여덟 번이나 못 받는 과정은 한 가지 더 생각해볼 부분도 있습니다. 물론 절대 확인되긴 힘들겠지만 암묵적으로 노벨상위원회 내부의 반유대주의가 영향을 미쳤을 확률도 없지는 않습니다. 못 받을 핑계야 앞서 얘기한 것처럼 얼마든지 제시할 수 있지만 심사위원들 심중의 반유대주의도 얼마든지 영향을 미칠 수 있습니다. 다시 말해 상대성이론이 노벨상을 못 받은 것, 아인슈타인이 1920년대에 가서야 노벨상을 받은 것, 혹은 그렇게 일찍 노벨상은 받은 이유는 아주 여러 가지가 있을 수 있습니다.

하필 20세기 초 독일에서만 유대인들이 미움 받
았던 이유가 궁금합니다.

정확히는 독일에서만 '심한 제도적 차별'을 당한 겁니다. 반유
대주의는 유럽과 아랍권을 망라하는 거대한 것이고 역사도 오
래되었습니다. 유대인들은 2000년 전부터 유럽 전체에서 언제
나 계속 미움받아왔습니다. 그들은 기독교가 아닌 이교도였고,
분명 타민족에 배타적인 선민의식도 유지했습니다. 미움받을
만한 이유는 분명히 있었습니다. 그래서 토지소유가 금지되었
고, 그러니 일찍부터 금융업에 종사했고, 또한 그러다보니 고리
대금업자로 여겨졌습니다. 자신들을 보호해줄 정치권력이 없으
니 실제로 부의 축적에 집중했고요.

즉 유대교, 선민의식과 배타적 민족관, 눈에 띌 만한 부의 축
적 등이 이미 타민족과 섞이기 힘든 이유가 되었습니다. 그래서
보통 유대인들은 집성촌을 이루어 따로 모여 살았습니다. 아인
슈타인의 두 번째 부인 엘자도 아인슈타인과 이종사촌이자 친
가 쪽으론 팔촌관계입니다. 19세기까지 유럽 유대인들 대부분
이 집성촌을 이루고 살았기 때문에 근친혼이 많았던 거지요.

19세기 후반이 되어서야 유대인들은 법적인 평등권을 부여받 았지만 사람들의 시각이 갑자기 바뀌지는 않지요. 특유의 교육 열에 이미 축적한 부가 있으니 법적 평등이 부여되자 유대인들 은 전문직에 빠르게 진출합니다. 독일에서는 3%의 유대인이 의 사, 법관, 대학교수의 15%를 정도를 차지했다고 합니다. 즉, 재 계, 학계, 법조계, 예술계, 의학계에서 유대인들은 엄청난 영향 력을 가지게 되었던 셈입니다.

자, 그 정도면 병원에 가서 유대인 의사를 만날 확률은 일곱 번에 한 번꼴입니다. 재판을 받게 되어도 그랬을 것이고요. 대학 에 진학한 학생들도 유대인 교수들은 계속 보게 되었을 것이니 '존재감' 있는 소수민족인 셈이지요. 다시 보면 마녀사냥하기 좋 은 조건을 모두 갖추고 있었던 셈입니다. 무시할 수 있을 만큼 충분히 소수였고, 모두가 알고 있을 정도의 존재감이 있고, 우리 가 가질 부와 지위를 빼앗아 갔다고 공격하기 좋을 정도로 부유 한 편이었습니다.

그 인간 내면의 가장 치졸한 질투심과 적대감을 나치는 교묘 히 파고들었습니다. 제1차 세계대전의 패전 이유와 독일의 경제 적 궁핍의 모든 죄를 유대인에게 뒤집어씌우고 자신들은 세계 최고의 우수민족이라는 저속한 민족주의를 합리화했습니다. 그 래서, 과거의 유대인에 대한 '법적' 차별을 부활시켰고, 결국 대 학살까지 연결되었던 겁니다.

옛날 유럽이나 지금 우리나라는 융합적 결론보
다는 흑백논리를 더 선호한 셈인가요?

글쎄요. 단호하게 구분할 만한 것은 아니라고 봅니다. 어느 시
대나 절충안과 흑백논리는 다 있었을 것 같습니다. 예나 지금이
나, 유럽이나 동아시아나 모두 말입니다. 특정시대가 특별히 흑
백논리를 선호한다고 보진 않습니다만, 보통 사회의 지적 수준
이 낮을 때 선호하는 것이 흑백논리임은 분명합니다. 세상 넓은
줄 모르고, 자신에게 진정 유익이 되는 길이 무엇인지 모르니까
요. 만약 우리 주변에서 흑백논리를 더 많이 듣게 되었다면 사회
의 전반적 퇴보와 지적 수준의 감퇴를 의미하는 것일 수 있습니
다. 정신 바짝 차려야 할 때라는 의미일 것이고요.

중국의 영향으로 서양의 과학발전에 큰 도움이
되었음을 들었습니다. 그렇다면 반대로 중국 등
아시아에 영향을 끼친 서양의 문화문물은 있나
요?

아마 지금의 현대사회 전체겠지요. 우리의 옷, 집, 먹거리 모
두요. 사실 질문자가 들은 이야기 자체가 서양과학의 중요성과
위상을 보여줍니다. 서양 과학기술의 중요성이 엄중하기에 '너
무나 좋은 것으로 느껴지기에' 그 과학기술에 영향을 준 동양의
것들을 찾는 것입니다. 그런 이야기들 중 일부를 들은 것이고요.

오래전 사례를 찾는다면 석굴암이 헬레니즘의 영향하에 그리
스 조각의 영향의 받았다고 배우지 않았습니까? 오랜 기간 유럽
과 동아시아는 서로가 다양한 영향을 주고받았습니다. 저도 제
대로 다 모르는 부분이니 짧게 대답하기보다는 동서양 문물교
류사들을 읽어보는 것이 좋을 것 같네요.

지구는 둥글다는 주장을 옛 사람들은 왜 받아들이지 못했을까요?

유럽인들은 고대 그리스 시절부터 지구가 둥글다는 주장은 잘 받아들였습니다. 지구가 움직인다는 주장을 못 받아들였을 뿐이죠. 사실 많은 사람들이 별 생각 없이 지구설과 지동설을 착각합니다. 천동설과 지동설은 모두 지구설이죠. 그들은 단지 '우주의 중심'에 둥근 지구를 둘 것이냐 말 것이냐로 논쟁한 것입니다.

지구가 둥글다는 주장을 받아들이지 못한 것은 동아시아의 경우입니다. 유럽의 지구설이 전래되었을 때 동아시아의 경우는 유럽의 지구설을 받아들이는 사람들조차도 둥근 지구가 왜 아래로 떨어지지 않느냐를 계속 물었습니다. 어쩌면 그것이 자연스러운 질문일 겁니다. 오히려 왜 유럽만이 우리가 사는 땅이 둥글고 그 구체의 중심부로 물체가 낙하하리라고 생각했는지가 궁금해야 합니다. 그 대답은 아리스토텔레스로 대표되는 천동설의 설명체계가 그만큼 설득력이 있었기 때문입니다. 여러 번 설명했듯이 타 문명권의 우주론에 비해 천동설과 지동설은 아주 비슷한 것이고, 천동설이 있었기에 지동설이 나올 수 있었던 것입니다.

아리스토텔레스, 티코 브라헤 등 관찰에 의해 유명한 업적을 이루었던 많은 과학자들은 왕가의 후원을 받았음을 알 수 있었습니다. 거대 자본과 권력의 존재가 없었다면 현대과학과 과학혁명은 이루어질 수 있었을까요?

당연히 힘들었을 것입니다. 그리고 그것은 과학뿐만 아니라 문명 전체가 그런 겁니다. 문명은 권력 중심이 없다면 당연히 성립하지 못합니다.

?

기존의 고대 문명들과 달리 유독 고대 그리스에서 기하학이 발전하게 된 동기가 궁금합니다. 그저 단순한 호기심이었을까요? 아니면 농작물 생산을 위해 다른 문명에서도 천문학이 발전한 것처럼 실생활과 밀접한 어떤 연관이 있었던 건가요?

기하학이 다른 문명에서 발전하지 않은 것은 아닙니다. 대부분 실용성을 염두에 두고 잘 발전했습니다. 기하학과 대수는 건축을 하고, 세금을 걷고, 국가 조직을 운영하는 데 필수적입니다. 즉 모든 문명이 당연히 가지고 있으며, 없다면 문명성립이 불가능합니다. 그리스적 특징은 추상적이고 철학적인 사유가 나왔고 그것을 이해하는 과정에 수학이 사용되었다는 점입니다. 학자들이 그 이유에 대해 여러 가지 설명을 했습니다.

흔히 얘기되는 것으로 그리스 문명이 폴리스 체제의 권력 중심이 없는 상업문명이라는 특징을 듭니다. 절대 권력이 없었기 때문에 대화와 토론이 자연스러울 수 있었다는 것은 그리스 문명을 이야기할 때 자주 등장하는 설명입니다. 이 설명을 과도하게 받아들일 필요까지는 없겠지만, 최소한 거대 권력 중심이 없는 폴리스 체제가 학문발전에는 큰 도움이 된다는 것은 분명해 보입니다. 거대 권력에 의해 특정 사상을 강요하지 않는 민주정은 분명히 과학과 학문발전에 유리한 조건입니다. 중국도 춘추전국 시대에 엄청난 사상과 학문의 대폭발이 있었지 않습니까?

거기에 덧붙여 그리스 자연철학은 실생활과 무관한 지식과 진리를 추구했기 때문에 기하학의 형이상학적 사용도 가능했었다는 것입니다. 인도와 그리스 모두 실생활과 상관없는 수준까지 수학이 발전한 것은 형이상학적 관심에서 출발한 것입니다. 진정 진리에 대한 사랑, 즉 지식 자체를 추구하는 철학적 사유는 그리스 기하학을 단순한 산술의 수준을 넘어설 수 있도록 만들었습니다. 즉, 단순한 의미에서 실용성만을 추구하지 않았기 때문에 과학은 시작될 수 있는 것이지요.

다빈치는 예술과 과학을 융합한 사람입니다. 그런데 다빈치는 과학을 연구하느라 예술작품을 20개도 채 완성하지 못했다고 들었습니다. 그렇다면 다빈치는 과학자에 가깝습니까? 예술가에 가깝습니까? 교수님의 의견이 궁금합니다.

사실 이런 질문의 경우는 물어보는 이유를 물어보는 것이 대답이 쉽습니다. 미술을 전공한 학생의 질문이네요. 추정컨대 아마 전공수업에서 다빈치를 미술사적 관점에서 배웠는데 내게 과학사적 관점에서 배우고 나니 충돌지점이 생기겠지요. 좋은 경험을 하고 있는 겁니다.

먼저 다빈치 시대는 과학을 정확히 구분하는 시대는 아니었습니다. science라는 그 용어 자체가 다빈치로부터 거의 300년이 지나서 사용됩니다. 다빈치 시대는 과학자라는 단어가 없었고, 다빈치는 스스로를 예술가로 인식한 사람입니다. 그 자체로 하나의 답이 될 겁니다.

그리고 다빈치는 아이디어맨으로서 성격이 강한 사람입니다. 수많은 아이디어들을 기록노트에 쏟아놓았지만 오래 작업해서 작품을 완성하는 비율은 상대적으로 떨어지는 편이었습니다. 그가 '과학도' 했기 때문에 예술 작품을 적게 만든 것으로 생각하는 것은 무리가 있습니다.

우리가 알다시피 많은 책에서 맥락에 따라 다빈치의 작업을 과학으로 다루기도 하고 예술로 다루기도 합니다. 그 모든 설명 맥락대로 다 맞습니다. 그런데 다빈치가 과학자인지 아닌지 '결정'할 필요가 뭐가 있을까요? 내 주장의 핵심이 그런 것을 왜 나누느냐는 것이었지요?

자, 나는 과학사를 전공했습니다. 그럼 나는 인문학자입니까? 아닙니까? 모호하지요? 물론 나는 관련 학자들과 작업하거나 논문을 쓰거나 하면 대부분의 경우 인문학 중 역사학으로 분류됩니다. 하지만 나는 스스로를 학자로 분류는 해도 인문학자인지 아닌지를 일부러 분류하지는 않습니다. 왜 나눠야 하고 왜 대답해야 할까요? 보통 이런 분류는 누가 해당하는 이야기에 대해 권위를 가지고 이야기할 수 있느냐의 결정에 사용됩니다. 의사의 사망진단서, 심리학자의 정신병 판정 같은 것들 처럼요. 즉 필요가 있을 때 분류하면 됩니다. 그리고 그 분류가 꼭 옳다고 받아들일 필요도 없습니다.

다빈치는 스스로 예술가라고 규정한 사람이니 예술가로 불러주면 됩니다. 그런데 어떤 맥락에서 다빈치는 진정한 과학자였다라고 표현해도 틀린 것은 아닙니다. 중요한 것은 그 말의 맥락입니다. 괜히 다빈치의 정확한 직업 분류에 신경 쓸 필요 없습니다. 공연한 오해가 마음속에 남게 될 확률만 높습니다. (웃음)

?

르네상스 시대 환경에서는 다양한 분야의 지식을 공부하고 연구하는 것이 당연하고 유행이었기 때문에 다빈치가 예술분야뿐만 아니라 다방면의 업적을 남길 수 있다고 배웠습니다. 그러면 당시 동시대 예술가들인 미켈란젤로나 라파엘로는 다빈치와 달리 과학자로서 면모가 드러나지 않는 이유가 있는지 궁금합니다.

이것도 'why not' 질문 유형의 하나입니다. 요즘이 옛날보다 과학기술을 공부할 기회도 많고 과학기술의 유행시대이긴 하지만 모든 사람들이 과학기술자가 되지는 않지요? 여전히 과학은 과학을 하고 싶은 사람들이 합니다. 다빈치는 그런 사람들 중 하나였을 뿐인 거구요. 미켈란젤로가 꼭 수학적인 공학을 해야 할 필요는 없습니다. 다빈치의 방식은 예술을 할 수 있는 하나의 방법론이었을 뿐이지요.

서양은 플라톤, 아리스토텔레스 같은 고대 철학
자들이 자연철학을 했었는데, 동양은 춘추전국
시대에 수많은 제자백가의 사상들처럼 서양과
사뭇 다른 철학들이 나오는 근본적 차이는 무엇
입니까?

다른 곳이니 당연히 다른 것이 나오긴 하겠지만 과연 다르기
만 할까요? 사실 어느 정도 같았고, 어느 정도 달랐는지를 구체
적으로 물어야 하는 질문입니다. 그리고 수많은 해석이 가능한
역사적 질문이기도 하구요. 자연철학의 발전은 분명 그리스 철
학의 중요한 특징인 것은 맞습니다. 하지만 도가의 연단술 같은
것들은 생각해보면 과학철학이나 과학과 유사한 행위들이 아닐
까요? 그리스가 좀 더 그런 경향이 많다고는 할 수 있겠지만 중
국에서는 과학과 관련된 질문들이 나오지 않았다고는 볼 수 없
습니다. 그리고 그리스도 가장 열심히 논의한 것은 정치학적인
부분이었지요. 이런 부분은 제자백가 사상들과 유사하지 않습
니까? 그러니 정도의 차이 정도로 이해하는 것이 맞을 것 같습
니다.

?

과학혁명 시기 수학적 대칭성이 없거나 수학적으로 아름답지 않아서 특정 이론의 선택에 부정적이 될 수 있었다는 설명이 신선했습니다. 이런 수학적 탐미성에 대한 추구는 르네상스 이후에는 합리성의 추구로 달라졌는지, 아니면 계속적으로 추구되던 가치인지 궁금합니다.

현대의 최첨단 과학들인 상대성이론, 양자역학, 초끈이론 모두 수학적 아름다움의 추구라고 볼 수 있습니다. 그런데 물론 합리적이어야 하겠죠? 내가 봐서는 탐미적 추구는 과학발전의 가속기요, 합리적 비판이 브레이크 역할을 한다고 생각됩니다. 둘다 있어야 하고 그 사이에서 균형을 잘 잡아야 과학이라는 자동차가 무리 없이 전진할 수 있겠지요.

과학혁명 이전 중세시대에는 과학발전이 전혀 없
었나요?

중세에는 과학의 발전이 '거의' 없었다가 적절한 답일 것 같네
요. 사실 '전혀'라는 단어가 들어간 질문은 이미 '아니다'라는 답
이 전제됩니다. 중세 과학사에서 뷔리당의 임페투스 이론 같은
것이 언급되고, 때에 따라서는 토마스 아퀴나스 같은 신학자들
의 신학적 해석들도 다 과학과 관련 있습니다. 그러나 이런 것들
을 과학이라고 규정하기는 애매합니다. 중세에는 이후 과학을
낳기까지의 '발전이 조금 있었다' 정도까지가 적절한 답일 듯합
니다.

16~17세기 과학혁명기 과학자의 사회적 지위가
어느 정도였는지 궁금합니다.

우리가 배운 사람들 직업군대로입니다. 코페르니쿠스는 성직
자, 티코 브라헤와 케플러는 궁정천문학자, 갈릴레오와 뉴턴은
대학교수였지요. 나중에 각각 궁정철학자와 관료귀족이 되었고
요. 조선으로 치면 허준이나 장영실을 떠올리면 적절할 겁니다.
최고 권력자들만큼의 권위는 당연히 아니지만—이건 현대에도
마찬가지죠—권력자들과 대화가능한 지위이고, 평민들보다는
월등히 좋은 대접을 받았다고 볼 수 있을 겁니다.

?

다빈치 시절 굉장히 많은 해부가 사형수들을 사용해서 이루어졌었는데, 윤리적인 비판이 없었는지 궁금합니다.

이런 질문에 대한 답은 해당 시대 분위기를 먼저 알면 이해하기가 쉽습니다. 18세기까지 화형은 어린아이들도 구경합니다. 어른들은 교육적 목적으로 아이들을 일부러 데려가 처형장면을 구경시키기도 했습니다. 150여 년 전까지 미국에는 노예가 합법이었습니다. 귀족은 100여 년 전까지 제도상 분명히 존재했습니다. 잔인함은 감춰져야 되는 것이라는 생각이나 우리가 생각하는 인권의 개념 자체가 만들어진 지 얼마 되지 않았습니다. 대부분은 19세기적 변화라고 보면 됩니다.

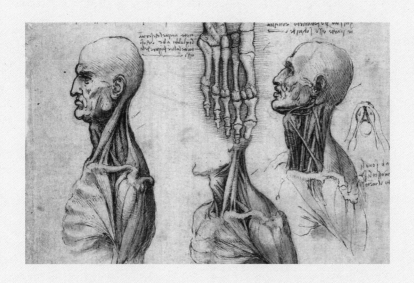

다빈치는 스스로 예술가라고 규정한 사람이니 예술가로 불러주면 됩니다. 그런데 어떤 맥락에서 다빈치는 진정한 과학자였다라고 표현해도 틀린 것은 아닙니다. 중요한 것은 그 말의 맥락입니다. 다빈치의 인체 스케치.

아인슈타인의 부인 밀레바 마리치는 물리학에 뛰어났고, 아인슈타인의 지적 동지이기도 했습니다. 몇몇 사람들은 아인슈타인의 연구를 마리치가 도운 것이 아니라 아인슈타인이 그녀의 학술이론을 표절한 것이라고 주장했다고 하더라구요. 교수님은 어떻게 보시나요?

재미있네요. 아마 그런 주장을 한 '몇몇 사람'은 실제 있다 해도 최소한 학자는 아닐 겁니다. 마리치를 발굴하려고 했던 학자나 전기 작가 누구도 그렇게 '강한' 주장은 하지 않은 걸로 압니다. 그런데도 신빙성 부족하다고 많이 비판 받았고요. 그럴듯하게 검토할 만한 얘기는 아닙니다만 왜 이야기가 그렇게 흘러갔는지는 대충 짐작이 됩니다.

먼저 여성이라 많은 불이익을 당한 대표적 사례로 흔히 꼽는 현대 여성과학자로는 DNA 구조발견에 공로를 세운 로잘린드 프랭클린이 있습니다. 로잘린드 프랭클린은 젊은 나이에 난소암으로 사망해서 노벨상을 받지 못했습니다. 제임스 왓슨은 자신의 자서전『이중나선』에서 로잘린드 프랭클린을 과도하게 혹

평하거나 여성 비하적 표현을 사용해서 많은 비난을 받았었습니다. 하지만 이 경우 로잘린드 프랭클린의 업적이 묻히거나 하지는 않았습니다. 관련 업적을 학자들은 잘 알고 있었지만 그녀가 노벨상을 못 받은 것은 단지 일찍 사망했기 때문입니다.

퀴리부인의 경우 우리가 알다시피 '여성임에도' 두 번의 노벨상을 받고 많은 명예를 누린 셈입니다. 하지만 처음 노벨상을 받을 때 많은 프랑스 언론들은 그녀를 남편의 조력자 수준으로 표현했습니다. 여성의 과학적 재능 자체를 인정하기 힘들었던 시대였지요. 사실상 퀴리부인은 최초의 현대 여성과학자인 셈이고 그녀가 있었기에 그나마 과학계에서 여성에 대한 인정이 빨라졌다고 할 수 있습니다.

위의 밀레바 마리치 이야기는 이 퀴리부인 이야기가 주인공 이름만 바뀌어 와전된 사례로 보이네요. 퀴리부인이야말로 물리화학에 뛰어났고, 남편 피에르 퀴리의 지적 동지였으며, 몇몇 사람들이 그녀의 업적을 폄하하며 남편의 일을 도와준 것에 불과하다고 평가했으니까요.

여성의 과학참여에 대한 관심이 생겨나면서 여성과학자들이 한참 발굴되는 시기가 있었는데, 당연하게도 유명한 남성과학자 '옆에' 있었던 많은 여성들이 재검토 대상이었다고 할 수 있습니다. 밀레바 마리치의 경우도 그 중 하나였지요. 마리치도 물리학도였고, 연인이자 남편이었던 아인슈타인의 연구에 도움을 주지 않았겠느냐는 추정은 당연히 자연스럽게 해볼 수 있습니다. 하지만 결론적으로 일정한 연구 검토 수준 이상의 물리학의 동반자 역할을 수행했을 것으로 보이지는 않습니다. 마리치의 편지에도, 친구들과의 대화에도, 공동연구라는 추측이 가능한 언급은 없습니다. 또 마리치는 분명히 대학 물리학과를 졸업하지 못했습니다. 그녀의 처녀시절 편지에서는 남자친구 아인슈타인이 멋진 연구를 수행하고 있다는 칭찬만 발견될 뿐입니다.

마리치가 아인슈타인의 연구에 공동연구자로 언급될 만한 도움을 주었을 확률이 전혀 없다는 얘기까지는 못하겠지만 그렇게 볼 근거는 매우 희박합니다. 그녀는 공식적으로 연구를 수행한 적이 없고, 논문을 발표한 적도 없고, 아인슈타인 부인의 역할에 만족했던 경우니까요. 그녀에겐 아인슈타인과의 이혼이 불행이었을 뿐이죠. 부부관계에서였다면 모를까 물리학 분야 내에서라면 아인슈타인의 배신 같은 이야기는 허무맹랑한 이야기라고 보면 될 것 같네요.

?

2차 대전 시기 독일 과학자들의 다양한 선택을 배우고 나니 어떤 것이 옳다고 말할 수 있을지 결론 내리기가 힘듭니다. (독일을 떠난 과학자, 나치 정부의 군사기술에 조력한 과학자, 소극적 태업을 선택한 과학자 등) 교수님의 견해는 어떤 판단이 가장 이상적이라고 생각하십니까?

그 결론을 내가 내려준다면 그대로 할 건지를 물어보고 싶군요. 판단하기 힘들다는 것이 바로 내 견해입니다. 나는 결론과 판단을 내려주기 위해 이 과학자들에 대해 가르쳐준 것이 아닙니다. 고민해보라고 제시한 사례들입니다.

누가 플랑크의 선택을 대놓고 비난할 수 있겠으며, 아인슈타인의 태도를 독하다 정도의 표현으로 끊어버릴 수 있겠습니까? 하이젠베르크의 경우는 또 어떻습니까? 너무 흔한 말이지만 공과 과가 있는 것이지요. 이상적이지 못한 태도 한 가지는 알고 있습니다. 교과서적인 답을 정해두는 태도입니다. 간단히 덧붙인다면, 좀 더 큰 가치를 자기 일신의 영달보다 우선한 사람이라면 다 그만큼 존경할 만하다고 봅니다.

'과학자의 리더십' 수업시간에 일부러 제2차 세계대전 시기 독일어권 과학자들의 다양한 선택을 한꺼번에 다뤄주곤 한다. 불의한 정권 아래 과학자들이 보여준 대응들이야말로 '리더십'의 한 단면이다.

막스 플랑크는 그 스스로 노벨상 수상자이자 무명의 아인슈타인을 발굴했을 뿐만 아니라 독일과학의 조직자였다. 그러기에 그는 독일과학의 아버지로 불렸고 그의 이름은 오늘날 독일을 대표하는 연구소의 이름이 되어 있다. 나치 집권 시기 그는 수많은 공식회합에서 어느 정도 나치를 찬양해야만 했고, 유대인 동료과학자들이 차례로 추방될 때 적극적으로 반대하지 않았다는 비난도 받았다. 하지만 그의 지위에 있다면 운신의 폭은 더 힘든 것일 수밖에 없다. 독일 과학을 대표하는 입장에 있었던 사람에게 왜 망명이나 저항을 선택하지 않고 침묵과 순응을 택했느냐고 비난하는 것은 너무 '편한' 태도일 수 있다. 플랑크에게는 독일과학과 과학계가 지켜야 할 가장 소중한 가치였을 것이다. 그리고 그 작업은 결코 쉽지 않았을 시대였다. 플랑크는 어쩌면 가장 많은 고민과 고통 속에 있었을 사람이다.

아인슈타인은 히틀러가 집권하자마자 미국 망명길에 올랐기 때문에 나치시기 스스로가 큰 핍박을 당하지는 않았다. 그는 은인이나 다름없었던 막스 플랑크를 비롯해서 독일에 남아 있던 모든 과학자들과 절연을 선택했다. 독일에 남은 과학자들 모두를 '잠재적 나치부역자'로 보았기 때문이다. 이 결연한 태도는 그 시대 한 명의 유대인의 입장에서라면 너무나 당연한 행동이었을지 모른다.

하이젠베르크는 26세의 젊디젊은 나이에 행렬역학을 완성해 양자역학의 돌파구를 만들고 32세의 나이로 노벨상을 수상했던 독일의 대표적 천재 과학자다. 이 정도면 모든 영광을 한 몸에 받고 장밋빛 인생을 즐기며 과학연구에 매진하면 될 것 같아 보이는 인생이다. 그러나 그가 노벨상을 수상한 해에 히틀러가 집권한다. 유대인 과학자들과 친하고 '유대과학'을 한다는 당국의 의심을 벗어날 필요가 있던 하이젠베르크는 결국 제2차 세계대전 시기 독일 원자폭탄 제조계획의

총 책임자가 된다.

절친했던 스승이자 친구인 덴마크의 닐스 보어와는 적국의 과학자가 되어버렸고, 전쟁이 끝난 후에도 서로의 관계는 복원되지 못한 채 어색했다. 전후 나치 부역자라는 공격에 하이젠베르크는 자신은 고의적으로 태업을 하며 독일의 전쟁 연구를 지연시켰다는 변명을 내놓았다. 시대를 잘못 만난 한 천재과학자의 서글프지만 이해되는, 그러나 동의할 수는 없는 인생행로였다. 선과 악, 공익과 사익 사이에서 갈팡질팡하는 인간 군상의 모습은 많은 과학자들의 인생 속에서도 생생하게 발견할 수 있다.

수업에서 다룬 그들이 살다간 그런 슬픈 시대를 이 시대의 학생들이 다시 맞을 일이 없기를 바라면서, 자신의 인생에 선택의 순간이 온다면 나는 어떤 선택을 할지 조금이라도 고민해보는 시간이 되길 또한 기대한다.

현대에도 과학분야에서 새로운 발견이나 새로운 이론들이 기존의 이론 또는 정치 사회적 요인들에 의해 받아들여지지 않는 경우가 있나요?

여러 번 살펴본 창조진화논쟁도 그런 부류 중 하나일 겁니다. 물론 이 경우는 주류 과학과 특정 종교계 사이에 논쟁이 있다 정도로 표현할 수 있는 가벼운 것입니다.

아주 극적인 사례로는 나치시대 독일에서 상대성이론과 양자역학이 부정된 경우를 들 수 있겠네요. 상대성이론은 유대인인 아인슈타인이 만들었고, 양자역학에 업적을 남긴 많은 과학자들도 유대인이기 때문에 나치는 이 두 가지를 유대과학이라고 부르며 틀린 이론으로 규정했었습니다. 놀랍게도 이 두 가지 이론은 현대과학의 두 기둥이라고 봐도 과언이 아닌데 말이죠. 1933년에서 1945년까지 독일에서는 상대성이론이 틀린 이론이어야만 했습니다.

또 하나는 예는 소련의 트로핌 뤼센코의 사례를 들어볼 수 있습니다. 뤼센코는 스탈린의 총애를 받던 학자(?)였죠. 그는 획득형질의 유전을 인정하지 않는 현대유전학을 '부르주아 유전학'

이라 부르며 자본주의적이라고 비난했습니다. 뤼센코는 스탈린이 좋아할 만한 말만 하는 재주가 뛰어났지요. 심지어 인접하는 작물들이 '경쟁'하는 것이 아니라 '협력'한다며 씨앗들을 조밀하게 심어 농업을 망치기도 했습니다. 처음에 뤼센코에 반대했던 학자들은 어느 날 자리를 잃거나 시베리아 유형소로 보내졌습니다. 그렇게 시간이 조금 지나자 소련에서는 어떤 학자들도 뤼센코의 이론들에 반대하지 못했습니다. 뤼센코 이론의 전성기는 스탈린의 집권기간과 일치합니다. 사실 너무나도 말이 안 되는 이론이 버젓이 거대 국가의 과학이론으로 자리 잡을 수 있었다는 것이 신기할 뿐입니다. 뤼센코는 20세기 중반 소련 농업을 망친 핵심 인물로 받아들여지고 있지요.

이런 것들은 다시 생각해봐도 황당한 내용들입니다. 20세기 이후에도 과학의 주류 업적을 부정하는 사례들은 많이 있었던 셈입니다. 과학적 반증이 아니라 뚜렷한 증거가 없거나 수많은 반증사례가 있음에도 권력자의 비위만 맞춘 거짓 과학들은 존재했습니다. 주로 독재권력 하에서 발생하는 것이지만 물론 대중 여론에 의해서도 왜곡 가능할 수 있을 겁니다.

과학사가 주로 서양 위주로 진행되는 것 같은데, 한국에서 자연과학 분야가 발전하지 못한 시스템적 이유가 무엇입니까? 예전에 하버드 학생들에게 공부하는 이유를 묻는 인터뷰 영상을 본 적이 있는데, 그들도 보통 학생처럼 특별한 이유 없이 그냥 열심히 하는 것처럼 보였습니다. 그리고 서양이든 한국이든 문제를 빠르게 효율적으로 푸는 것은 중요하다고 생각하는데, 서양에서는 시스템 면에서 어떻게 그것을 강요하지 않고, 또 그럴 경우 어떤 방식으로 학생들을 신뢰성 있게 평가할 수 있는지 궁금합니다.

또 외국에서는 이론 과학자의 대우와 명성이 어떤지 궁금합니다. 우리나라처럼 대우받는 직업(판·검사)에 속하는지요? 다시 말해서 좋은 머리를 가지고 태어난 본인도 그렇고, 부모도 마찬가지로 더 좋은 대우를 받으며 살고 싶을 텐데, 어떤 확신을 가지고 자신의 관심사항만을 쫓고 계약직에 불과한 연구실 연구원으로 들어가 일할 수 있는지 궁금합니다.

논문 연구주제 정도가 될 수 있을 정도의 엄청난 질문이 나왔습니다. 그리고 오늘의 한국에서 살아가는 젊은이의 고민을 대표할 수 있는 감정도 묻어나오네요. 힘닿는 데까지 대답해보겠습니다.

『한 줄 질문』 1권에서 답을 했지만 사실 자연과학이 발전하지 못한 시스템적 이유를 묻기에는 한국 과학기술의 역사가 너무 짧습니다. 우리의 과학은 사실상 해방 이후 시작되었다고 볼 수 있습니다. 그게 가장 큰 이유입니다. 자연과학이 발전하지 못하는 것은 문화, 교육방식, 시스템적 이유가 다 있겠지만 가장 큰 영향을 주는 것은 아니라고 생각합니다. 분명 제일 큰 이유는 충분한 시간이 주어지지 못했다는 것입니다.

또 질문자의 질문 맥락 전체에 동의하지만 절대 과도하게 받아들일 필요는 없는 한 가지 이미지에 대해 생각해보겠습니다. 헐리우드 영화를 보면 악역으로 나오는 CEO들 옆에 참 비루하다 싶을 정도로 아첨을 일삼는 간신 같은 비서가 많이 나올 겁니다. 한두 번 본 경험이 있겠지요. 자립심 강한 미국인들 중에 그런 사람들은 특이한 경우일까요? 미국은 쉽게 사원을 해고할 수 있는 국가입니다. 엘리베이터 타고 내려오다 대답 한 번 잘못했다고 잡스에게 해고당한 애플사 직원 이야기 정도가 그 예입니다. 그날 즉시, 단지 경영상의 이유로 직원을 해고시킵니다. 보스는 생사여탈권을 쥐고 있는 사람입니다. 그러니 비서들은 그렇게 비굴한 것이지요.

알다시피 의료보험, 직업안정성에서 미국은 분명 후진국에 속

합니다. 즉 제도가 사람의 태도를 많이 결정합니다. 영화에서 보는 현실보다 훨씬 심한 상황들이 미국 등 서구 선진국에 존재합니다. 그러니 외국이라고 '생계를 걱정해야 하는 억눌린 분위기'로부터 자유로운 것은 결코 아니라는 것은 분명히 해야 합니다.

그리고 자율적으로 연구하고 하고 싶은 것을 연구하며 경제적 사회적 지위에 크게 개의치 않는 분위기는 어떻게 이루어지는 걸까요? 답은 뻔합니다. 나의 선택으로 인해 내가 잃을 것이 많지 않을 때 적극적인 행동들이 가능해집니다. 직업안정성, 경제적 여유, 강력한 사회보장제도가 어느 정도만 뒷받침되면 사람들은 큰 욕심내지 않고 소소한 자아실현과 학문적 만족을 위해 살아갈 수 있습니다. 만약 질문한 학생이 보기에 우리나라가 그렇게 보이지 않는다면, 너무나 경쟁적인 사회로 느껴진다면, 그 경쟁에서 패배했을 때 잃을 것이 많기 때문이란 거지요. 조금 단순화한 대답일 수 있는데 이 부분은 미국보다는 주로 북유럽의 교육제도와 사회 현실을 참조해보면 우리와 대비되는 많은 맥락을 찾아낼 수 있을 겁니다.

그리고 높은 성취도를 내고 있는 서구 학계의 경우 그 이유는 분명히 여러 가지가 있습니다. 하지만 가장 중요한 것은 이미 축적된 기존의 연구전통입니다. 수백 년에 걸쳐 과학연구는 유럽의 문화전통으로 자리 잡았다는 점을 생각해봐야 합니다. 이런 부분은 단기간의 투자로 쉽게 따라잡기 어렵습니다.

생각해보세요. 어느 날 갑자기 판소리가 세계적 인정을 받기 시작했다면, 이를 배우려는 해외의 음악가들이 한국 판소리 수준과 대등하게 되기는 쉽지 않겠지요? 상당한 시간의 축적이 있어야 하는 부분은 분명히 인정해야 된다는 말입니다. 즉 과학이 우리에겐 '아직은 남의 것이고 낯선 것'인 겁니다. 내 기준으로는 한국은 이제 두 세대 정도에 걸친 과학전통을 가지고 있습니다. 이제 여러분 정도면 3세대째라고 할 수 있을 텐데, 여러분 정도면 독자적 연구전통을 확립할 수 있을 정도의 시간이 흐른 세대라고 할 수 있을 것 같습니다. 그럼 이 문제는 자연스럽게 해결될 수 있겠지요. (웃음)

그 다음의 이유로 제시해볼 수 있는 것은, 먼저 학문은 좋아서 하는 것이 중요합니다. 학문하는 것에 특별한 이익이 없으면 정말 좋아하는 사람들만 옵니다. 그리고 그런 사람들은 분명 의미 있는 결과물들을 내놓게 마련입니다. 내 생각으로는 공부를 하는 두 가지 유형이 있습니다. 고시형 공부와 학자형 공부입니다. 학자형 공부가 학교에서 주류가 되어야 학문은 발전합니다. 당연히 인정할 수 있을 겁니다. 기본적으로 한국과 중국은 아직 과거제를 완전히 떠나보내지 못한 것이 큰 문제라고 봅니다. 수많은 고시는 '성공의 길'로 남아 있고, 어떤 고시에 붙고 나면 전혀 다른 삶을 살아갑니다. 여태 공부를 했으니 계속 공부하자가 아니라, 이제는 성공했으니 공부를 쉬자는 태도가 고시형 공부입니다. 즉 고시공부는 '다시는 고시공부를 하지 않기 위해서' 합니다. 하지만 학자들은 '공부를 계속하기 위해서' 공부합니다. (웃음) 한 가지만 생각해보면 답이 나올 겁니다. 노벨상을 받는 것이 목표인 사람이 노벨상을 받을 확률이 높을까요? 노벨상이 있든 없든 그 학문을 좋아하는 사람이 노벨상을 받을 확률이 높을까요? 국가도 마찬가지입니다. '10년 내로 노벨상 받기' 같은 목표를 제시하는 국가는 노벨상 받을 확률이 낮을 겁니다.

국가의 과학수준 자체가 올라가면 노벨상은 자연스럽게 나오게 되는 것이고, 설령 노벨상을 수상하지 못했어도 그 나라의 과학수준은 충분히 높을 수 있습니다. 목표는 과학이 고상한 문화가 되고, 실용적 생활이 되고, 과학적·합리적으로 사유할 수 있는 교육을 받은 국민의 수를 늘려가는 것이어야 할 겁니다. 어쩌면 노벨상 프로젝트 같은 이야기들이 우리 입에서 사라지면 노벨상을 훨씬 잘 받을 수 있을지도 모릅니다.

그리고 어떤 방식으로 학생들을 신뢰성 있게 평가할 수 있는지 궁금하다는 질문에 대해서는 한 가지 생각나는 이야기가 있습니다.

제2차 세계대전이 끝났을 때의 일입니다. 독일을 점령한 미군은 당연하게도 '세계최고의 전쟁기구'라 불렸던 독일군의 강점들이 무엇으로부터 나왔는지 연구해보고 싶었습니다. 물론 인사시스템은 중요한 관심대상이었고요. 어떤 식으로 유능한 지휘관들을 찾아내고 면밀히 평가해서 진급시키고 상훈을 주는지를 집중적으로 살펴봤습니다. 그런데 충격적일 정도로 독일군의 평가법이 원시적이라는 사실을 발견하고 깜짝 놀랐습니다. 그 흔한 A, B, C 식의 분야별 점수체계조차 제대로 갖춰져 있지 않았고, 객관적이거나 공정하다고 보이는 평가시스템이 전무하다시피 했다는 겁니다. 그런데도 독일은 최고 수준의 장교단을 보유하고 있었다는 것이 처음에는 너무나 기이했습니다.

독일군의 평가시스템에 결정적인 부분은 '직속상관의 주관적 평가'였습니다. 직속상관이 훌륭한 장교라고 평가하면 그는 보통 훌륭한 장교로 인정받았습니다. 그럼 직속상관에 대한 아부나 아첨이 생겨나고, 기계적 복종만 반복하는 부하가 나올 것 같지만 그렇지 않았습니다. 100년 이상에 걸친 독일장교단의 전통이 있었고 이 전통을 물려받았다는 자긍심이 그것을 막는 중요한 방어기제가 되어주었던 것입니다. 평가하는 상관도 자부심을 가지고 자기 부하를 객관적으로 평가하기 위해 노력했고, 실제 실력 있는 부하들을 적극 추천하고 기용하고 진급시켰지요. 한 마디로 독일군의 인사평가시스템은 '사람을 믿고 내버려둔' 셈이었습니다. 다른 의미로는 독일군의 문화를 믿은 것입니다.

또 하나, 독일군은 '명령을 어기고 다른 작전을 수행한 결과가 본래의 작전 목표보다 더 뛰어난 결과를 얻었을 때, 해당 장교의 명령불복종 행위는 불문에 부친다'는 상당히 놀라운 전통도 가지고 있었습니다. 이런 전통이 있었기 때문에 지휘관의 어리석은 명령은 무시할 수 있었고, 중급 지휘관들은 재량권을 발휘해서 자기 나름의 임기응변을 보여줄 수 있었습니다. 그랬기에 물적 인적 자원의 한계와 나치 독재정권의 간섭에도 불구하고 역량있는 장교들은 상당히 창의적이고 독립적인 전략전술들을 보여줄 수 있었던 셈입니다. 상명하복으로 기억되는 독일군 장교단에 사실은 엄청난 자율성과 재량권이 보장되어 있었던 겁니다.

옳지 못한 명령을 거부할 권리와 정량화되지 않은 인사 시스템, 그리고 독일 장교의 자부심이 독일군의 질을 유지하는 방법론이었던 것입니다. 이것이 정예화된 독일군의 비밀이었던 셈입니다. 이 독일군 인사시스템의 사례는 과학발전과정과도 비교해볼 수 있는 훌륭한 방법론입니다. 독일 과학도 마찬가지였습니다. 연구 결과에 대해 행정적 책임을 묻는 형태가 아니었고, 오랜 기간의 자율적 연구를 '믿고' 지원하는 형태가 계속된 결과, 우리가 알고 있는 20세기 초반의 독일과학의 황금기가 만들어질 수 있었습니다. 과학자를 '시키는 일만 수행하는 기능인'으로 대우하는 태도가 먼저 사라져야 합니다. 그것은 물론 재량권을 받을 사람들이 믿을 만한가와 상관있고, 그 믿을 만한 사람들이 스스로 자기규율을 지키고 있는가 즉 진정한 자부심을 갖춘 사람들인가와 상관있습니다. 과학에서 두각을 나타내는 국가들은 학계 내에 바로 이런 전통이 잘 뿌리내리고 있다는 공통점이 있습니다.

아주 쉽게 표현해보겠습니다. 대학의 어떤 학과에 입학할 학생을 가장 잘 알아볼 수 있는 사람은 누구일까요? 당연히 그 학과의 교수입니다. 해당 전공을 오래 연구해온 사람이 그 전공에 재능 있는 사람을 가장 잘 알아볼 겁니다. 그런데 입학할 학생은 교수가 뽑지 않습니다. 표준화된 시스템에 맡겨버립니다. 왜일까요? 단순하게 표현하면 '사람을' 믿지 못하기 때문입니다. 대학이나 학과에 신입생 선발의 자율성을 과도하게 주면 비리가 생겨날 것이고, 계층 간 차별이 심화될 것이라고 암묵적으로 생각합니다. 그래서 정량화, 표준화를 시키지요. 이 불신의 문제, 표준화의 문제는 과학발전의 중요한 독소조항입니다. 언제나 내가 강조하는 것처럼 사회적 불신비용이 너무 엄청납니다. 객관성을 담보하기 위해 여러 법적 조항들로 연구와 교육의 손발을 꽁꽁 묶어버리는 셈입니다. 원칙을 지키라는 미명하에 복잡한 규제조항들이 넘쳐흐르고, 잘못되면 네가 책임을 지라는 분위기에서 누가 모험을 하겠으며 혁신을 생각하겠습니까?

신뢰성 있는 '평가 시스템'이 중요한 것이라기보다는, 전문가들이 신뢰성 있게 평가할 수 있다는 것을 사회가 믿어주고, 또 믿을 수 있는 전문가 집단의 문화가 형성되는 것이 최급선무입니다. 이 원칙은 산업도, 군대도, 과학도 마찬가지지만 과학에서는 훨씬 중요하고 필수적인 요소라고 생각합니다.

덧붙이는글

학문발전은 자율성과 다양성의 보장에서 오는데, 그 자율성과 다양성의 보장은 결국 사회의 상호 신뢰도가 높을 때만 가능하다는 것으로 내 입장은 요약가능 할 것 같다. 사실 이 질문은 아주 좋은 질문이었음에도 시간의 부족으로 답하지 못하고 종강을 해야만 했다. 그때 꼭 책으로라도 대답하겠다고 했었는데 약속을 지켜 홀가분한 마음이다. 질문한 학생에게 작은 답이 되었기 바란다.

나는 과학사를 전공했습니다. 그럼 나는 인문학자입니까? 아닙니까? 모호하지요? 물론 나는 관련 학자들과 작업하거나 논문을 쓰거나 하면 대부분의 경우 인문학 중 역사학으로 분류됩니다. 하지만 나는 스스로를 학자로 분류는 해도 인문학자인지 아닌지를 일부러 분류하지는 않습니다. 왜 나눠야 하고 왜 대답해야 할까요? 보통 이런 분류는 누가 해당하는 이야기에 대해 권위를 가지고 이야기할 수 있느냐의 결정에 사용됩니다. 의사의 사망진단서, 심리학자의 정신병 판정 같은 것들 처럼요. 즉 필요가 있을 때 분류하면 됩니다. 그리고 그 분류가 꼭 옳다고 받아들일 필요도 없습니다.

다빈치는 스스로 예술가라고 규정한 사람이니 예술가로 불러주면 됩니다. 그런데 어떤 맥락에서 다빈치는 진정한 과학자였다고 표현해도 틀린 것은 아닙니다. 중요한 것은 그 말의 맥락입니다. 괜히 다빈치의 정확한 직업 분류에 신경 쓸 필요 없습니다. 공연한 오해가 마음속에 남게 될 확률만 높습니다.

독서법과
학습법에 대하여

· 대학에 입학하기 전까지 입시만을 위한 공부를 했었습니다. 그래서 그런지 깊게 사고하고 자
  신의 생각을 말하는 능력이 많이 부족함을 느낍니다. 앞으로 어떻게 공부를 하면 좋을까요?

· 과연 유명한 과학자들은 공부가 적성에 맞았을까요?

· 책을 읽는 능력도 중요하지만 좋은 책을 선별하는 능력도 중요하다고 생각합니다. 좋은 책
  을 어떻게 알아보고 찾아낼 수 있을까요?

· 10년, 20년이 지난 후 지금을 되돌아봤을 때 "그래도 꽤 괜찮게 보낸 20대였어"라는 생각
  이 들려면 어떻게 해야 할까요?

· 저는 아직 확실히 하고 싶은 것이 무엇인지 잘 모르겠습니다. 아무 생각 없이 무의미하게
  살아간다는 생각도 듭니다. 어떻게 해야 제가 하고 싶은 것을 찾을 수 있을까요? 교수님은
  어떻게 하셨나요?

· 과학이론이 인문계열 학생에게 어떤 식으로 도움이 될까요? 문과 계열로 분류되는 분야에
  서 과학이론과 지식을 어떻게 유용하게 쓸 수 있을까요?

· 어떤 방법으로 융합을 시도해야 할까요?

교수님이 강의하시는 것을 들어보면, 한쪽에 치
우치지 않고, 양쪽을 모두 생각하는 것처럼 보입
니다. 객관적인 입장을 유지하려면 어떤 노력들
이 필요할까요?

중립성과 객관성을 유지하기 위한 방법론을 묻는 것이군요.
'따로' 노력한다고까지는 말할 수 없을 것 같고 사실 내가 얘기
할 수 있는 것은 흔히 우리가 알고 있는 방법들일 겁니다. 객관
적인 입장을 유지하기 위해서는 다양한 자료를 보는 것이 가장
중요합니다. 한쪽 입장만 대변하는 책을 봐서는 안 됩니다. 제일
무서운 사람이 '꽤 유명한 사람의 책 한 권'만 읽은 사람입니다.
그렇게 되면 자신이 하룻강아지인 줄 모르거든요.

그래서 이미 상당한 식견에 올라선 타인의 생각을 자신의 수
준인 줄 알고 '한 권도 읽지 않은 사람들'에게 박식함을 자랑하
다 결국 편협함이 드러나 큰 낭패를 당하게 됩니다. 그 '꽤 유명
한 사람만큼' 유명한 다른 유명한 사람의 책들을 한두 권만 읽어
보면 자기 생각이 얼마나 짧았고, 어떻게 표현해야 하는지 조금
씩 알아가게 됩니다. 문제는 그 '다른 유명한 사람들'만 해도 꽤

많아서 겨우 100년 인생 동안 절대로 다 읽을 수 없다는 것이지요. (웃음) 그걸 알게 되면 당연히 조심스러워집니다. 나 역시 그렇게 경험하며 지금의 태도 정도에 이른 것 같고요.

결국은 일정한 지식의 분량이 기초가 됩니다. 관련된 자료를 많이 알수록 보는 눈은 넓어집니다. 학자들이 단정형의 얘기를 잘 안 하지요? 그래서 학자들 얘기를 듣다보면 답답할 때도 많을 겁니다. 사실 이유는 간단합니다. 어느 정도 책을 읽고 나면 세상에 단정적으로 얘기할 수 있는 것들이 별로 많지 않다는 것을 알게 되거든요. 그래서 자연스럽게 '겸손'과 '중립'을 가지게 되는 것이지요. 그래서 아무리 중립적이고자 해도 저절로 되는 것은 아니고, 중립적이 되는 방법은 결국 계속 공부하는 것입니다.

쉽게 예를 들어볼 수 있습니다. 리처드 도킨스의 『이기적 유전자』는 한국 사람들이 아주 많이 읽었기 때문에 잘 알려진 책입니다. 권장도서로 많이 지정되고, 수십 만 권이 판매되었지요. 물론 이런 말을 듣고 '나는 안 읽었는데 어쩌지?'라고 걱정할 필요까지는 없습니다. 50만 명이 읽었어도 한국인 중에는 100명당 1명만 읽은 겁니다. (웃음) 그리고 그 정도면 엄청나게 많은 사람들이 읽은 셈이지요. 한 번 읽으면 박식해진 느낌이 드는 훌륭한 책입니다. 그래서 주변 사람들에게 많이 얘기하게 되고요.

그런데 스티븐 제이 굴드의 조금 다른 주장들이 나오는 『판다의 엄지』나 『인간에 대한 오해』까지 읽으면 어떻게 될까요? 재미있는 것은 『이기적 유전자』만 읽었을 때보다 말할 거리가 오히려 줄어든 것을 느끼게 될 겁니다. 두 내용의 비교 속에서 멋

있어 보였던 설명들의 약점도 알게 되니 그런 부분들은 자연히 조심하게 되지요. 조금 읽으면 내가 많이 알게 되었다고 느끼지만, 많이 읽으면 내가 얼마나 모르는지를 느끼게 됩니다. 막연히 모르는 것과 감정적으로 나의 무지를 느끼는 것은 전혀 다릅니다. 굳이 학문을 하지는 않더라도 한 두 분야에서 그 '읽을수록 할 말이 줄어드는' 단계까지는 가봐야 한다고 조언해주고 싶습니다. 인간답게 살고, 진정 문화를 풍요롭게 느끼는 중요한 입문 단계거든요.

학자들 얘기가 나왔으니 예를 하나 더 들어보겠습니다. 아마 토마스 쿤이 지은 『과학혁명의 구조』를 읽어보진 못했어도 한두 번 들어는 봤을 겁니다. 20세기에 나온 명저 10권을 꼽으면 반드시 들어가곤 하는 책입니다. '과학혁명', '패러다임' 같은 단어를 유행시킨 책이기도 하구요. 이 제목의 느낌은 영어로 봐야 정확히 이해됩니다. 영어 원제목은 『The Structure of Scientific Revolutions』입니다. 'A structure'가 아니라 'The structure'고, 'revolution'이 아니라 'revolutions'입니다. 즉 '모든' 과학혁명들의 '유일무이한' 구조라는 겁니다. 저를 가르쳐주셨던 분이 이 제목이 얼마나 야심만만하고 용기가 필요한 제목인지 아느냐고 말씀해주셨던 기억이 납니다. "이런 제목은 바보나 천재만이 지을 수 있다. 학자들이 얼마나 한 자 한 자 조심해서 제목을 짓는지 아느냐? 그런데도 이런 호쾌한 제목이 나왔다면 그것은 그의 학문적 깊이가 그만큼 깊거나 아니면 아무것도 모르는 바보인 것이다." 그런 요지의 말씀이셨지요.

그 말씀 그대로 '어떤' 과학혁명의 '한' 구조도 아니고, 역사 속 '모든' 과학혁명들의 '단일한' 구조를 자신은 찾아냈다고 감히 선언하는 제목이니 얼마나 건방집니까? 얼마나 많은 반론에 휩싸이겠습니까? 사실 초보 학자라면 절대 지어서는 안 되는 제목입니다. 학계에 이미 충분히 그 존재감이 있는 학자가 아니라면 감히 지을 수 없는 제목입니다. 학자로선 매장당할 테니까요. 이런 제목으로 책을 지어도 비난받아 매장되지 않고 학자로 남을 수 있으면 이미 대가가 된 것이고, 인생을 훌륭하게 살았다고 말할 수 있습니다. 내가 하룻강아지인지 천재이자 대가인지는 세상이 인정해주는 것이고, 토마스 쿤은 바보가 아니라 천재로 인정받은 것입니다. 그만큼 준비하고 고민했을 것이고, 그만큼 사전에 자신의 이름을 알릴 업적을 쌓았을 것이며, 그럼에도 그만큼 큰 용기를 냈을 겁니다. 우리가 이 책을 알고 있다는 사실 자체가 그것을 웅변해주는 겁니다.

자, 그러니 내가 책 제목을 감히 『역사』 정도로 지으면 아주 건방진 행동이 되는 것일 겁니다. 그런 제목은 토인비 정도는 되어야 짓는 것이지요. 나는 그 사실을 스스로 알고는 있는 수준은 된 셈입니다. 그래서 내 책 제목들은 말랑말랑합니다. (웃음) 아마 그런 부분들이 학생들에겐 객관적이거나 중립적으로 비춰질 수 있을 텐데, 사실 특별히 중립적인 것이 아니라 공부를 조금 하다보면 자연스럽게 체득하게 되는 태도 정도입니다.

굳이 방법론적 측면에서 덧붙인다면, 특히 분야가 전혀 다른 글이나 자료들이 섞이며 만들어주는 시너지 효과는 아주 큽니다. 예를 들어 법학자가 법의 중립성을 유지하기 위해 다른 법학자분들과 아무리 많이 토론해도 한계가 있기 마련입니다. 법을 전혀 모르는 문외한, 전혀 다른 전공, 이를테면 문학이나 사학, 때에 따라서는 공학자들이 하는 이야기를 들어보면 의외로 자신이 연구하는 분야를 바라볼 수 있는 전혀 다른 관점을 발견할 수 있습니다.

줄여 말하면 중립성과 객관성을 유지하는 방법은 아주 간단합니다. 내 견문이 넓어지는 만큼 가질 수 있습니다. 아무리 중립적이고자 해도 결국은 자신이 아는 영역 안에서 중립적일 수밖에 없지요. 다시 말해 학생 여러분들의 현재 독서량과 경험에도 분명히 한계가 있음을 인정하는 태도가 객관성을 유지하고 학문적 성장을 이루는 데 가장 큰 도움이 될 겁니다.

또 약방의 감초 질문이 나왔습니다. 첫사랑에 대해서는 안 물어줘서 고맙습니다. (웃음) 젊어서 그리 많이 여행 다녀본 것 같지도 않고, 그리 재미있게 놀아본 것 같지도 않습니다. 밍숭맹숭하게 살았습니다. 버킷리스트를 얘기하는 것이면 너무 많을 것이고, 별스럽지도 않을 것 같습니다. 단 이 질문은 젊을 때 안 해봐서 지금 가장 후회하는 것이 무엇이냐는 질문과 같다고 생각합니다. 솔직히 얘기할 수 있습니다만 학생 여러분들이 별로 재미있지는 않을 겁니다. 더 못 놀아본 것도 크게 후회되지 않고, 더 못 가본 것도 크게 후회되지 않습니다. 단지 더 읽지 않은 것이 후회될 뿐입니다……재미없겠지만 진심입니다.

?

대학에 입학하기 전까지 단지 입시만을 위한 공부를 했었습니다. 입학한 후 '혁신과 잡종의 과학사'를 들으면서 깊게 사고하고 본인의 생각을 말하는 능력이 부족함을 절실히 깨달았습니다. 제가 앞으로 이런 강의를 따라가기 위해 무엇을 하면 좋을까요?

입학한 지 몇 달도 안 되어 이미 좋은 것을 배웠네요. 이런 생각을 전혀 하지 않는 학생과 이 생각을 한 학생은 천양지차가 있습니다. 이 태도 자체가 '이런 강의를 따라가기 위한' 것들의 80%를 이미 행한 것입니다. 20%만 더 채우면 되겠는데요? 태도로 보아 이미 강의는 잘 듣고 있을 것이고, 나머지 문제는 결국 다독입니다. 인류가 쌓아온 많은 '깊은 생각'을 먼저 흡수하는 것이 깊게 사고하는 방법입니다. 양서를 깊게 읽고 갈무리하면서 생각을 정리하는 버릇이 중요합니다. 특히 고전이나 필독서는 그럴만해서 된 것입니다. 그런 책들을 보면 되지만 절대 재미없는데 억지로 읽지는 마십시오. 자신이 그래도 관심이 가고 읽었더니 재미와 보람을 함께 느낄 만한 책들을 위주로 자꾸 읽어보세요. 대학을 졸업할 무렵에는 본인이 놀랄 정도로 스스로가 바뀌어 있을 겁니다.

아마 많은 학생들이 여전히 세상이 두렵고, 무엇을 해야 할지 모르겠고, 내가 올바른 방향으로 나아가고 있는지 수시로 의문이 들 겁니다. 아주 간단한 인생 해법 하나 알려주겠습니다. 그걸 해결하는 방법은 역시 독서입니다. 아마 모두들 일주일에 책을 1000쪽 정도는 읽을 수 있을 겁니다. 일 년에 두 주는 놀고, 50주면 50000쪽을 읽을 수 있겠죠? 4년제 대학을 졸업할 때면 20만 쪽을 읽었을 겁니다. 그러니 대학 다니며 '20만 쪽 읽기'를 시도해보세요. 해낸 사람의 인생은 전혀 달라져 있을 겁니다.

내가 보아 그 정도를 읽은 사람이면 읽은 내용의 '질'에 상관없이 아마 세상에 대해 이미 어느 정도의 적응력을 갖췄을 겁니다. 기본적인 생계를 해결할 카드도 몇 장 가지고 있을 거구요. 그리고 일정 분량 이상 읽은 사람은 이미 책의 내용에서도 어느 정도 질적인 선택을 하게 되어 있습니다. 좋은 책을 빨리 알아보는 눈도 생기구요. 자신합니다. 졸업할 때까지 이걸 해보고 내 말대로 안 되었다면, 찾아오세요. 인생을 책임지겠습니다. 그만큼 자신 있습니다. (웃음) '인생을 책으로 배웠어요'는 절대 우스꽝스런 바보를 일컫는 말이 아닙니다. 책으로 '배운' 사람은 절대 '책으로만' 배우지 않게 됩니다. '책만' 읽는 사람들은 책을 '덜 읽은' 사람들입니다.

© Maya Bunschoten | Dreamstime.com

인류가 쌓아온 많은 '깊은 생각'을 먼저 흡수하는 것이 깊게 사고하는 방법입니다. 양서를 깊게 읽고 갈무리하면서 생각을 정리하는 버릇이 중요합니다.

?

교수님 강의력이 너무 좋으신데 학생들에게 무언가 강의할 때 가장 중요하다고 생각하는 포인트나 강의를 잘하기 위해 노력하는 것들이 있으신지요?

잘 이해시키기 위해서 취하는 방법론은 몇 가지 있습니다. 당연한 것이 당연하지 않을 수 있다는 생각을 할 수 있도록 도와주려고 노력하는 편입니다. 아마 내 강의를 들어보면 대부분 그런 내용일 겁니다. 결국 '인상적인 사례'를 적절히 제시하는 것이 수업 효과를 높이는 데는 가장 중요합니다. 사례를 들 수 없다면 내가 아직 이해를 못한 것이라고 생각합니다.

OO공학과 XX공학의 차이점, OO공학자와 XX 공학자가 하는 일을 알고 싶습니다.*

전공수업을 아직 들어보지 않았고 2학년이 되어 세부 전공을 결정하기 전 고민하고 있는 공대 1학년 학생다운 질문입니다. (웃음) 사실 질문의 내용에는 내가 어느 전공을 선택해야 좀더 안정적인 직업을 구하고, 사회적 인정을 받으며, 자아실현을 하는 데 유리한지 하는 고민까지 포함되어 있다고 봅니다. 시간이 지나면 자연스럽게 알게 될 것이기도 하고, 내가 간단히 어느정도 설명을 해줄 수도 있습니다. 하지만 그렇게 하지 않겠습니다. 이 질문은 학과 교수님들께 여쭤보거나 선배들에게 물어봐야 하는 내용입니다. 그분들보다 더 잘 대답해줄 사람들은 없습니다. 이 학교 내에 그걸 나보다 훨씬 잘 대답해줄 100명 이상의 사람이 있습니다. 해당 전공자보다는 당연히 문외한인 내게 물어볼 필요가 전혀 없는 질문입니다.

---

* 질문한 학생의 정확한 학과명이 노출될 필요는 없을 것 같아 일부러 전공명은 모호하게 바꾸었음.

그런데도 내게 묻는 것은 아마도 학과 교수님들과 선배들에게 거리감을 느끼고 있기 때문일 겁니다. 아마 강의내용으로 볼 때 내가 겁이 덜 나는 것이겠지요. (웃음) 용기를 내서 만나보세요. 특히 교수님들의 경우, 학과 학생이 진로상담을 청하고 도움을 요청하는데 싫어할 교수님이 있다고 생각되지도 않고, 그런 학생들이 별로 없어서 신선하게 보실 수도 있습니다. 무엇보다 학과 학생상담은 학과 교수의 당연한 의무입니다. 여러분의 당연한 권리구요. 혹 면담을 요청했다가 귀찮다는 반응이 나올까봐 두려운 거라면 이렇게 얘기해주겠습니다.

별로 그럴 거라고 생각하지 않지만, 기본적 예의를 갖춘 간곡한 면담요청에 혹 시큰둥한 반응을 보이는 교수님이 계시다면 그건 학생의 잘못이 아니라 그분이 문제가 있는 겁니다. 그러니 그것을 내가 고민할 문제는 아니라는 겁니다. 그리고 그 경우 또 다른 교수님을 만나 면담을 신청하면 됩니다. 겨우 두 세 번 거절당할 것이 두려워 왜 내 권리를 포기합니까? 그리고 전 학과 교수님들께 면담을 요청해봤는데도 모두 반응이 안 좋다면, 지금 내가 얘기해준 것보다도 훨씬 적은 답밖에 얻지 못했다면, 전과를 강력히 고려하세요. 비전 없는 학과입니다. 학과를 보니 우리 학교 위상을 꽤 높여주고 있는 전공이네요. 그러니 그런 일은 사실 발생하지도 않을 겁니다. 한번 속아보세요. (웃음)

수업을 들으며 가치판단에 대해 이도저도 아닌 회색적인(?) 느낌을 갖게 되었습니다. 더 혼란스럽습니다. 올바른 가치판단을 어떻게 해야 하는지 궁금합니다.

일단 본인의 생각이 흑백논리를 벗어났다는 얘기이니 축하할 일로 보입니다. 그리고 이 수업은 고민하게 해주려는 것이 목적이지 결론 내려 주는 것이 목적이 아닙니다. 혼란스럽다면 내가 원한 대로 된 것이니 수업목표 또한 잘 이루어졌습니다. (학생들 웃음)

가치판단은 생각보다 쉽지 않다는 것을 알게 된 것 자체가 중요합니다. 올바른 가치판단을 어떻게 해야 하는지에 대한 답은 나와 있습니다. 오랜 기간의 학습과 적극적인 노력에 의해 이루어집니다. 가치판단은 내가 찾고 땀 흘려 이루는 것이지 남이 해주는 것이 아닙니다. 다양한 견문과 사례의 학습이 필요한 것이며 그래서 우리는 힘써 배우는 것입니다.

'장발장은 빵을 훔쳤다. 벌을 받아야 하나?' 같은 질문을 생각해보십시오. 흑백논리죠? 이미 질문 자체가 유치하기 때문에 이런 식의 질문으로는 어떤 사회적 문제를 해결할 수 없습니다. 질문을 학생이 말한 '회색으로(?)' 바꿀 때 다양한 색을 가진 새로운 가치를 찾을 수 있습니다. 그리고 분명 정답은 흑과 백보다는 회색 안에서 찾아질 겁니다. 질문한 학생에게 축하를 전합니다. 그래도 정답 근처에서 헤매게 되었으니까요. (웃음)

?

우리가 사는 이 사회에서 과학과 기술을 어떻게 바라보아야 하는지 배우고, 또 그것이 쉽지 않음을 느낍니다. 그럼에도 그 고민과 생각을 계속해야 한다는 걸 이 강의에서 가장 중요하게 배웠습니다. 매주 고마웠습니다.

진짜 지식인, 진정한 과학자가 되기 위해 무엇이 필요한지 생각해볼 수 있었습니다. 공대생으로서 앞으로의 삶의 태도에 대해 많은 생각을 하게 해준 강의였습니다. 교수님, 한 학기 게으른 학생들 가르치시느라 고생 많으셨습니다. 이번에 복학하면서 공부는 제 적성이 아니라는 것을 알았습니다. 과연 그 유명한 과학자들은 적성이 공부였을까요?

일단 고맙다는 표현에 나도 고마움을 전합니다. 그리고 정확히 그맘때 내 생각과 똑같은 생각을 하고 있군요. 한 가지만 말해두면 내가 제대로 공부가 좋아진 때는 서른이 넘어서였던 것 같습니다. 자기가 하고 싶은 공부만 쫓아 할 수도 없는 상태에서 공부에 지치는 것도 무리는 아니지요. 이제 곧 사회적 책임은 더 많아지겠지만 자신이 하고 싶은 공부를 하게 될 확률은 더 높은 시기로 접어들 겁니다. 그러니 너무 조급하게 생각할 필요 없을 겁니다. 아인슈타인도 김나지움 시절에 하기 싫은 라틴어와 불어 공부를 하면서 '공부'는 자기 적성이 아니라고 생각했을 겁니다. (웃음)

> **?**
>
> 꿈이라는 것을 잃고 살아온 것 같습니다. 교수님이 꿈을 키우신 계기가 궁금하고 어떤 방식으로 제가 좋아하는 일을 찾을 수 있는지 선배로서 조언 부탁드립니다.

일단 20대 초반에 자신이 뭘 해야 하는지 명확히 아는 사람은 거의 없습니다. 그래서 모든 20대는 언제나 고민하는 것이고, 또 미래가 불안한 것이 자연스러운 것이기도 하구요.

그러니 그 고민은 일단 당연히 해야 합니다.

나는 컴퓨터 프로그래머로 일하다가 서른 살이 넘어 과학사로 전공을 바꾸어 오늘에 이르렀습니다. 좋아하는 일을 찾아 서른이 넘어 전공을 바꾼 셈입니다. 그런데 내가 지금도 컴퓨터 프로그래머로 일하며 취미로 역사와 과학사를 공부하고 있다면 실패한 인생일까요? 그런 부분은 현실적인 상황을 놓고 신중하게 결정해야 하는 문제이고 어렵지만 가능하다고 보았기 때문에 나는 시도한 것입니다.

좋아하는 나의 운명 같은 일이 '하나뿐'이라는 생각만은 버리십시오. 가장 좋아하는 일이 있을 수 있고, 그 다음 좋아하는 일이 있을 수 있습니다. 두 번째 좋아하는 일을 직업으로 선택했다고 실패한 인생은 절대 아닙니다. 이 생각에 이르면 그 고민으로 인한 갈등이 조금은 줄어들 겁니다.

도움이 되었을까요?

한 학기 동안 수업을 들으며 가장 크게 느꼈던 점은 과학사를 자세히 들여다보면 우리가 알고 있는 것과 다른 부분이 상당히 많으며, 특히 지나치게 단순화되어 알고 있는 것이 많다는 것이었습니다. 그래서 과학사를 좀 더 자세하게 들여다보고 싶은데 어디서부터 시작하면 좋을지요? 인문학 전공자가 읽어볼 만한 물리학이나 과학 추천도서도 알려주셨으면 좋겠습니다.

⌐

이 수업 덕에 과학에 대한 많은 고정관념과 오해를 없애게 되었습니다. 감사합니다. 과학사에 흥미가 생겼는데 포괄적으로 과학사를 아울러 볼 수 있는 책을 추천해주시면 감사하겠습니다.

⌐

과학사에 대한 수업을 들으면서, 과학에 대한 고정관념을 교정하고, 다양한 문화, 종교, 역사와의 관계 등 평소 생각하지 못했던 분야의 공부를 할 수 있었습니다. 그리고 그것이 과학을 공부하는 데에도 아주 중요하다는 사실도 알았구요. 공대생으로 어떻게 살아가야 하는지에 대한 전혀 다른 길 안내를 받은 것 같습니다. 이외에도 공대생으로서 스스로 생각해볼 만한 문제, 또는 공부해볼 만한 주제가 무엇이 있는지 궁금합니다. 몇 가지 사례와 참고문헌 들을 제시해주시면 방학 때 읽고 공부해보겠습니다.

———

제가 지난번 중간 한 줄 질문에서 젊어서 꼭 해봐야 할 것을 질문 드렸는데 그때 교수님이 많이 읽어보라고 조언해주셨습니다. 세상에 책이 정말 많고 더구나 다들 있어 보이게 광고해서 어떤 책이 좋은지, 어떤 책을 읽어야 하는지 잘 모르겠습니다. 책을 읽는 능력도 중요하지만 좋은 책을 선별하는 능력도 중요하다고 생각합니다. 좋은 책을 어떻게 알아보고 찾아낼 수 있을까요?

독서법에 대한 질문들이 꽤 있어 모아봤습니다. 정확히 내가 알기 바라는 것들을 얻었네요. 훌륭합니다. 단순화는 왜곡을 낳는다는 점을 꼭 알려주고 싶습니다. 그러니 조금 차분하게 좀 더 긴 이야기를 알아가기 바랍니다. 기본적인 준비가 된 학생을 보니 기분이 좋네요. 자신에게 맞는 책을 구하는 방법론을 묻는 것이라면 몇 가지 팁은 알려줄 수 있습니다.

먼저 아주 일반적인 얘기로 스스로에게 맞는 난이도의 책을 구하는 게 중요합니다. 친구들이 모두 학력이 비슷하니 그들이 재미있게 읽는 책을 읽으면 되지 않을까 싶어 도전했지만, 읽다가 어렵거나 재미없어서 실망하는 경우가 있었을 겁니다. 하지만 사실 교과서 밖으로 나가면 각자의 사전 지식 수준이 달라서 개별 지식은 큰 차이가 있을 수 있습니다. 친구들은 나와 비슷한 수준이라고 생각하지 마세요. 그러니 친구가 재미있어하고 잘 아는 것을 내가 모른다고 창피할 일도 아닙니다. 내가 읽어보아 적절한 난이도로 느껴지는 책으로 시작해야 합니다. 그리고 폰트 크기, 종이 색상 등까지 자기 마음에 드는 책을 고르세요. 의외로 책을 읽는 데 생각보다 많은 영향을 미칩니다. 그런 정도가 책읽기를 시작하는 기본입니다. 고행처럼 책읽기를 하는 것은 시간이 조금 지난 뒤에 시도해도 늦지 않습니다.

책 읽는 법은 결국 많이 읽다보면 알게 됩니다. 글 잘 쓰는 법도 마찬가지입니다. 자꾸 쓰다보면 잘 쓰는 방법도 알게 되지요. 일기를 쓰는 습관을 들이라는 것은 그런 이유도 있습니다. 그리고 어떤 책이든 머리말과 차례만 보면 책의 깊이는 어느 정도 보이게 마련입니다. 서점에 서서 머리말과 차례 정도, 그리고 중간의 특정 부분을 한두 쪽 정도 읽어보고 책을 사기 바랍니다. 한 모금만 마셔보면 사실 음료수 맛은 충분히 알 수 있는 것과 같습니다. 제목만 보고 책을 구입하는 것이 제일 어리석은 방법입니다.

여기에 덧붙여 한두 가지 팁을 더 알려준다면, 시간이 되면 원하는 분야의 고전을 읽어보기 바랍니다. 여러 시대에 걸쳐서 필터링되어 많은 검증을 거친 책이니 어느 정도의 수준을 반드시 보장하게 되어 있습니다. 하지만 언제나 재미있다는 보장은 없습니다. (웃음)

그리고 생소한 분야는 인물로 시작하면 좋습니다. 쉽게 표현하면 위인전을 말하는 겁니다. 우리는 사람의 이야기라야 쉽게 받아들이고 감정이입합니다. 감정이입하면 내용을 잘 이해하게 되어 있습니다. 과학이 멀게 느껴지는 사람이라면 과학자부터 시작하는 것이 맞습니다. 그렇지 않으면 끔찍한 공식의 나열로 느껴지고 결국 내 길이 아니구나 하는 느낌으로 끝나기 쉽습니다. 어떤 학자에게 감정이입을 할 수 있을 때 그의 이론도 가깝게 느껴지게 마련입니다. 나는 아주 여러 번 그런 경험을 해봤습니다. 인간의 피땀이 녹아 있는 결과물이라는 느낌이 들 때 감탄이 나오고, 간단한 수식조차 살아 있다는 감흥이 일면 공부는 저절로 시작됩니다.

또 여러 사람을 읽고 시간이 조금 지났을 때, 전체적인 통사를 공부하며 정리해주면 좋습니다. 특히 인문학과 철학의 경우 역사적 대계를 잡고 시작할 필요가 큽니다. 특정 학자의 어려운 이론을 보기 전에 그의 인생 전체와 학문 역사 속에서 그의 위치 같은 것을 알면 본격적인 공부에 도움이 많이 됩니다. 준비운동을 제대로 해야 수영과 스키도 즐거운 법이듯 말입니다.

그리고 흔히 '다치바나 독서법'이라고 부르는 것을 들어본 적 있을 겁니다. 일본의 유명한 저널리스트인데 다독(多讀)으로 유명한 분이죠. 그분은 엄청난 책을 읽은 과정에 대해 몇 가지 팁을 알려준 바 있습니다.

예를 들면, 다윈과 진화론에 대해 처음 알아보려고 할 때, 그분은 서점에 가서 다윈과 진화론에 관한 책을 잔뜩 산답니다. 그리고 비슷비슷한 주제의 책을 단기간에 읽어나가는데, 처음에는 가장 쉬운 책, 쉽게 얘기하면 초등학생용의 만화 다윈 위인전 같은 것을 읽습니다. 그 다음 청소년용 책을 읽고, 어느 정도 기본적인 용어, 즉 '자연선택'이나 '적자생존' 같은 용어에 익숙해지면 그제야 성인들을 대상으로 한 본격적인 내용으로 넘어간다고 합니다. 초보자용 책은 아주 쉬운 내용부터 친절하게 설명해줍니다.

그래서 그걸 읽고 나면 다음 단계의 책에서는 최소한 용어 때문에 막히거나 따분해지는 일은 줄어듭니다. 그렇게 읽어나가면 읽은 내용이 또 나오고 또 나오고 해서 빨리 읽을 수 있고, 중요한 개념은 중복되게 되는데 당연히 잘 암기되고, 빨리 많은 양을 읽고 오류가 있었던 책의 내용들은 자연스럽게 배제할 수 있다고 합니다. 나도 어느 정도는 이런 방법을 써서 독서를 진행하구요. 물론 관련 도서를 다 살 필요는 없고 잘 빌려 읽으면 되겠지요. 이 방법도 추천해줍니다.

그리고 '잘못된 내용의 책이 많아 겁난다'라는 표현도 있는데 그건 결국 그 책 한 권만 읽으려는 게으른 마음가짐이 전제되어 있는 것입니다. 개론서가 왜곡된 생각을 제공할 확률은 아주 많습니다. 하지만 왜곡되었더라도 중요한 용어는 나올 것이고, 이런 이름이라도 알고 시작하는 것은 상당히 중요합니다. 나중에 잘못된 부분을 알고 난 뒤 내 생각을 교정하자고 생각하면 됩니다. 그런 것을 겁낼 필요는 없습니다. 계속 읽어나가면 결국 잘못 알았던 내용들은 저절로 교정이 되어갑니다. 결국은 일정한 양이 객관성과 균형감각을 제공해주지요.

특정 공학 전공의 경우, 어떻게 책을 읽을까를 물어보는 경우도 있는데, 물론 시작은 자기 전공 선배들과 교수님의 안내를 잘 들어두는 것입니다. 그 뒤 하고 싶은 작품 자체를 그려보기 바랍니다. 즉 무엇인가를 처음부터 끝까지 완성해보는 경험이 아주 중요합니다. 무슨 공식, 무슨 이론을 나열식으로 알아나가는 방법은 시간이 지날수록 지치게 마련입니다.

어느 정도 난이도의 작품 목표를 설정하고 필요한 지식들을 채워나가는 방식이 좋습니다. 융합적 사고도 넓힐 수 있고, 무엇보다 내 작품완성에 필요한 기술을 채워나갈수록 성취감과 간절함이 증가되는 것을 느낄 수 있습니다. 99%는 작품이 진행되었다고 느낄 때쯤엔, 이미 본인 스스로 나머지 1%를 하지 않고는 못 배길 것이고요. 아마 이미 모두들 전공시간에 팀 프로젝트를 이런 식으로 하고 있을테니 긴 설명은 생략하겠습니다.

솔베이 회의 사진을 보여주시며 하이젠베르크나 슈뢰딩거 등의 창조성을 얻는 특이한 행동들에 대해 재미있게 들려주셨습니다. 개인적으로 교수님은 창조적 사고가 필요하다 싶으면 어떤 방법을 택하시는지 궁금합니다.

분명한 것은 창의는 당연히 모방에서 나옵니다. 태양 아래 새것은 없습니다. 있는 것을 섞으면 그게 새것입니다. 예를 들어 스티브 잡스가 자랑했던 아이폰에 예전에 없던 기술이 들어간 게 하나라도 있었나요? 소형의 인터넷 연결기기, 휴대전화, 카메라나 오디오, 미니 컴퓨터 등 다 있는 것들을 섞어놓으니 21세기를 여는 혁신 중 하나가 된 건 분명했지요? 그러니 융합과 잡종 속에 항상 새로울 수 있습니다.

많은 논문을 읽지 않고 창의적인 논문은 나오지 않습니다. 흔히 제도권 공부를 멀리해야 창의성이 유발되는 것처럼 얘기하는 경우를 많이 보는데 철저한 착각입니다. 이런 부분도 위인들의 이야기를 어릴 때 수박 겉핥기로 듣고 말았기 때문에 나오는 생각입니다. 아인슈타인은 뉴턴역학과 전자기학의 모순을 정확히 알았기에 상대성이론을 만든 겁니다. 서재에 책이 별로 없었던 아인슈타인이었지만 최신의 물리학 동향을 알 수 있는 학회지들은 꼬박꼬박 비치해놓고 있었고요. 지금 학문이 도달한 지점을 알지 못하고 창의성을 논하는 것은 어불성설입니다.

에디슨은 예민한 10대를 전신 기사로 보냈습니다. 그래서 당시로선 최신 학문이었던 전자기학에 익숙할 수 있었고 전기기술이 인상적일 수 있었지요. 그의 평생에 걸친 발명들은 한 마디로 요약됩니다. 모두 기계공학에 최신의 전기기술을 섞은 겁니다. 겨우 달걀을 품던 어린 시절의 특이성이 그를 발명왕으로 만들었을 거라는 생각들은 이제 버려야 합니다.

창조적 사고는 당연히 기존의 것을 좀 더 깊게 알아가는 과정일 뿐입니다. 이미 인류가 파놓은 깊이까지 같이 내려가 봐야 합니다. 괜히 혼자 평지에서 '삽질'하지 말구요. 그거야말로 시간의 낭비입니다.

그리고 또 하나는 어슬렁거려보는 것입니다. 일 자체에서 조금 멀리 떨어져서 관조적으로 바라봐야 하는 것 정도는 다 알고 있을 것입니다. 항상 얘기하지만 개량은 집중에서 나오지만 혁신은 여유에서 나옵니다. 진공관의 시대에 연구 인력을 '조이면' 진공관이 개량되지만, 쉬어주면 트랜지스터가 나오는 법입니다. 아무리 바쁘더라도 여유를 잃지 마세요. 자신을 다시 돌아볼 수 있는 시간은 억지로라도 뽑아내야 합니다. 다섯 시간씩밖에 못 자서 자야 한다고 생각할 때, 혹은 시간 줄여 일을 좀 더 해야 한다고 생각할 때, 갑자기 한 시간이 생기면 천운으로 알고 자지도 말고 일하지도 말고 가보지 않은 길로 산책하세요. 그러면 또 다른 내가 생각을 해주는 것을 느끼는 시점이 있을 겁니다. 물론 그 여유는 강한 집중 이후에 쉬어줄 때가 여유입니다. 계속 놀라는 말은 절대 아닙니다. (웃음)

또 하나는 기본적으로 '사람' 롤 모델의 흉내부터 내보는 것이 좋습니다. 그래서 '인간 형태'의 롤 모델이 있느냐고 자꾸 물어보는 것입니다. 하나하나의 방법론으로 생각하는 것보다 '누구처럼 하라'는 표현이 훨씬 쉽지요. 글쓰기로 비유해보겠습니다. 많은 작가들이 자신이 존경하는 작가의 글을 따라 써보면서 글쓰기를 시작했습니다. 그렇게 모방에서 창조로 진행해 가세요. 젊었을 때 나를 생각해보면 '정말 괜찮아 보이는 문장'이 아니면 창피해서 쓰기 자체를 시도도 하지 않았던 것 같습니다. 그래서 글쓰기의 경험을 쌓을 귀한 시간을 많이 놓쳐버렸습니다. 후회되는 부분입니다. 여러분은 역사에 남을 명문장을 쓰려고 한 줄도 못 쓰는 어리석음을 범하지 말기 바랍니다. 글은 첫 문장이 써지면 계속 써지게 되어 있습니다. 그리고 나중에 자꾸 고쳐 나가면 글은 분명히 좋아지고, 처음 상태와 완전히 다르게 느껴지는 글이 되는 시점이 옵니다. 결국은 투입시간입니다.

관련된 사소하고 구체적인 팁들을 더 얘기하라면, 아낌없이 하나를 알려주겠습니다. 글을 쓸 때 내가 취하는 개인적 방법 중 하나인데, 논문이나 책을 쓸 때, 글이 자꾸 길어져 만연체가 될 때가 있습니다. 그럴 때면 보통 피천득 선생님 수필이나, 이육

사, 윤동주 선생님의 시들을 읽어봅니다. 그렇게 한 시간쯤을 보내다 글을 쓰면, 내 글이 신기할 정도로 단문으로 바뀌는 경험을 합니다. 그 분위기에 취해 내 글도 어느 정도 그 유형의 글이 되는 셈입니다. 물론 글의 완성도는 그분들 것과 비교도 안 되겠지만 분명히 조금 전 글보다 훨씬 좋아진 것을 느낍니다. 자기소개서나 보고서를 작성할 때 이 팁 하나 염두에 두면 상당히 도움이 될 겁니다.

어떤 삶을 꿈꾸시나요?

?

어제보다는 보기 좋은 내가 되길 꿈꿉니다. 이 꿈은 초라하게 시작한 사람일수록 성공률이 높습니다. 어제까지의 자신이 마음에 많이 안 들었을수록 이루기 쉬운 꿈이고요. 나는 아주 쉬웠던 것 같네요. (웃음) 어쨌든 하루 단위, 한 주 단위로야 후회도 있고 진퇴도 있겠지만, 크게 조급해하지 말고 10년 전 나와 현재를 비교해보고 10년 뒤의 나를 그려보기 바랍니다.

?

10년, 20년이 지난 후 지금을 되돌아봤을 때 "그래도 꽤 괜찮게 보낸 20대였어"라는 생각이 들려면 어떻게 해야 할까요?

일단 무엇인가 하는 게 좋겠죠? 내가 많이 못 그래봤던 것 같습니다. 나쁜 일은 하면 안 되지만 '바보 같은 일'은 해보는 게 좋습니다. 잠깐 창피해도 사람들은 금방 잊어버립니다. 그리고 바보 딱지는 떼기가 아주 쉽습니다. 한 번 거짓말을 했던 사람은 돌이키기 힘듭니다. 마음을 고쳐먹어도 사람들이 잘 안 믿어주지요. 한 번 거짓말한 사람은 이후 100번 참말을 해도 언제나 거짓말할 확률이 있다고 사람들은 생각합니다. 그러니 신뢰는 아주 중요하고 한 번 잃으면 돌이키기 힘이 듭니다.

반면 무지로 인한 바보 같은 행동은 어떨까요? 내가 전과 다르게 현명해졌다는 것을 일로 한 번 보이면 끝납니다. 내가 예전에 구구단을 몰랐었지만 지금은 안다면 사람들은 앞으로 내가 구구단을 예전처럼 모를 것이라 생각하지 않습니다. 그러니 자신이 뭔가 모른다는 것을 부끄러워하지 말고 계속 알리세요. 모른다는 사실을 숨겼다는 것이 문제가 될 순 있어도 모른 것이 문제가 될 확률은 별로 없습니다. 특히 젊은 시절이라면요.

그리고 젊을 때 아무것이나 부딪혀 보고 모험하라는 막연한 말도 무책임한 얘기라고 생각합니다. 이상과 현실의 조화를 위해 노력해야 합니다. 막연한 백일몽은 안 됩니다. 냉정히 계산한 뒤, 구체적 목표를 설정해야 합니다. '건강해지자' 같은 것은 제대로 된 목표가 아닙니다. '나는 집에 오는 시간이 밤 10시이고 주변에 제대로 운동할 공간이 없으니, 회사 근처 헬스장에서 점심시간에 30분씩이라도 주 4회는 운동하자' 정도는 되어야 목표라고 할 수 있습니다.

결국 내 경우를 예로 들어볼 수밖에 없는데, 다니던 회사를 사표 쓰고, 아무 수입 없이 과학사 공부를 계속하던 1년 반의 시기가 내겐 최고의 긴장도였던 것 같습니다. 그때 막연히 사표를 내진 않았습니다. 수년간 저축과 퇴직금과 박사과정을 수료할 때까지의 학비와 3인 가족의 생활비까지 꼼꼼하게 계산해본 결과였고, 어렵지만 가능하다고 판단하고 공부를 시작했습니다. 심지어 학교까지 걸리는 시간과 버스비까지, 수료할 때까지 1년 반 시간 동안 얼마가 소요되는지까지 계산했던 것으로 기억합니다. 이때 앞뒤 없이 사표를 낸다면 그것은 무책임한 일입니다. 만약 내게 돈이 그것보다 적었다면 계속 회사를 다니는 것이 맞는 거였습니다. 이상을 쫓았었지만 꽤 심각하게 고민했고, 내 딴에는 꽤 계산을 했었지만 쉽지 않았습니다.

20대는 그때의 나보다는 그래도 운신의 폭이 넓을 겁니다. 가족이 있는 30대는 '수송기'지만, 혼자인 20대는 '전투기'라고 할 수 있습니다. 방향을 빠르게 전환할 수 있고, 몇 번의 카드는 던져볼 수 있는 시간이 있습니다. 시도해보십시오. 물론 유한한 카드니 고민의 과정은 충분히 거쳐야 하겠지만요.

교수님은 과학사 이외에도 다방면의 지식을 많이 알고 계시다고 생각하는데, 어떤 전공을 공부하고 어떤 경로를 통해 현재의 지식을 갖추었는지 궁금합니다.

먼저 칭찬해주는 것 같아 고맙게 생각합니다. 질문은 아마도 과학사만 아는 게 아니라 다른 '전공'적 지식도 많이 아는 것 같은데 과학사 외에 어떤 다른 전공을 공부했느냐는 질문으로 보입니다.

내가 과학사 이외에 '컴퓨터 공학'을 전공했습니다. 아마 내게 들은 '다방면의 지식'과는 전혀 상관없어 보이는 전공일 겁니다. 사실 질문한 학생이 다방면의 지식이라고 느낀 것이 바로 '과학사적' 지식입니다. 과학사는 당연히 과학자의 인생을 알아야 하는데, 그러려면 해당 과학자가 살아간 시대를 알아야 하고, 그들이 호흡했던 사상과 문화에 대한 이해가 필요하겠지요.

흔히 역사를 전공했다고 하면 모두가 당연히 그럴 것이라고 생각합니다. 그런데 과학사를 전공했다고 얘기하면 이상하게도 역사적 지식은 쏙 뺀 '과학만', 즉 과학이론이 어떻게 바뀌어왔다는 식의 정보들만 이해하는 학문으로 생각하는 경향이 있습니다. 그만큼 '과학만은' 역사나 철학과 동떨어진 것으로 이해하는 경향이 큽니다. 내가 봐선 중·고등학교에서의 과목 분류법이나 교육법의 고정관념이 평생에 걸쳐 영향을 미치는 것 같습니다.

다시 말하건대, 그 시대를 모르고 어떻게 그 시대 과학을 알 수 있겠습니까? 그러니 아마도 그것이 '다방면의 지식'으로 보이는 것이겠지요. 그리고 그것은 모든 학문이 마찬가지입니다. 다른 전공을 한 여러 학자들도 마찬가지라는 얘기입니다. 생각을 자꾸만 그렇게 바꿔 나가야 본인 스스로 올바르고 폭넓은 공부를 해나가는 데 도움이 될 수 있습니다.

?

교수님, 저는 고1 때 이후 과학책 자체에 손도 대지 않았던 '문돌이'였습니다. 제가 준비하는 시험 속에 과학 지문이 나오기 때문에 걱정이 많이 됩니다. 특히 물리 관련해서는 에너지, 질량, 빛 이런 단어와 법칙이 나오면 이해가 아예 안 되는 경우가 많은데 방학 때 기초지식을 쌓기 좋은 책 한 권만 추천해주세요.

'한 권'만 추천하는 게 참 힘듭니다. 이 세상에 한 권의 책으로 알 수 있는 지식은 사실 없거든요. 계속 읽을 뿐입니다만. 그래도 한 권 추천하라고 한다면 중학교 과학교과서가 좋겠습니다. 기본적인 단어의 의미가 잘 이해되지 않는 것이니까요. 그리고 서점에서 펼쳐본 뒤 자신에게 맞는 책을 고르는 것이 언제나 가장 좋습니다. 수많은 그림 도해들로 가득 찬 어린이용 과학서적들도 좋습니다. 내가 어른이라고 어른용 책들만 열심히 찾을 필요는 없지요.

?

서술형 시험에서 교수님이 설명하실 때 든 예시
이외에 다른 사례를 쓸 때 장단점이 무엇인가요?

아주 '실용적'인 질문이네요. 답은 간단합니다. 채점자에게 인
상적일 수 있으나, 틀릴 확률은 높아지겠죠? (웃음) 내 설명을
정확히 이해했다는 자신이 있다면 당연히 시도해볼 만한 방법
입니다.

이 수업의 궁극적인 목표는 무엇인가요? 미래적
으로 어디에 적용되나요?

어마어마한 질문인데요. 본인은 무엇을 배운 것 같은지 역질
문하고 싶어지는 질문이기도 하구요. 다른 많은 수업처럼, 여러
분에게 생각하고, 학문하고, 나아가 과학하는 방법을 과학사의
사례를 통해 가르치려는 것뿐인 소박한 수업입니다.

그런데 만약 질문 맥락 안에, '과학기술자가 되지 않을' 내가
과학사를 배우면 어떤 도움이 되느냐는 의미가 포함된 것이라
면 이렇게 대답해주겠습니다. '나는 군인이 될 것도 아닌데 이순
신 장군에 대해 배우는 이유가 뭔가요?'라고는 아무도 묻지 않
습니다. 사실 그런 질문이 있다면 답을 할 수는 있겠지만 말로
굳이 답을 하는 것이 더 유치해 보일 겁니다. 만약 그 질문이 나
온다면 그 학생은 이순신 장군을 '배우지 않은 것'입니다. 잘못
가르쳤거나, 그 학생이 아직 이순신 장군을 배울 때가 되지 않은
것이겠지요. 마찬가지로 과학의 이야기가 과학자가 되는 데에
만 필요한 것은 절대 아닙니다. 과학자만 들어야 할 이야기도 아
니고요.

?

꼭 익명으로 언급해주세요. 저는 아직 확실히 하고 싶은 것이 무엇인지 잘 모르겠습니다. 아무 생각 없이 무의미하게 살아간다는 생각도 듭니다. 어떻게 해야 제가 하고 싶은 것을 찾을 수 있을까요? 교수님은 어떻게 하셨나요?

왜 이런 훌륭한 질문을 꼭 익명으로 해야 할까요? 어쨌든 소원은 들어드립니다. (웃음) 먼저 이 생각이 얼마나 훌륭합니까? 이런 생각 못 하고 막~ 살아가는 인생들이 얼마나 많은데요. 그리고 20대 초반의 나이에 하고 싶은 것이 무엇인지 정확히 아는 사람은 별로 없습니다. 또 있다 하더라도 거의 바뀝니다. 일단 내가 서른이 넘어 직업을 바꾼 사람 아닌가요? 이 고민은 젊은 이가 가져야 할 너무나 당연한 고민입니다. 그리고 아직 살아보지 않은 인생이니 얼마나 두렵겠습니까? 그건 남들도 마찬가지라는 생각을 하세요. 나만 고립된 듯이 생각할 필요 없습니다.

사람의 적성은 단일하지 않습니다. 그리고 무언가 반드시 있습니다. 무엇을 하고 싶은지 잘 모를 때는 먼저 하기 싫은 것부터 버려가면 됩니다. 몇 개의 선택지를 두고 현실을 고려하면서 한두 분야에서 한 번씩 푹 빠져보는 연습을 해보세요. 어딘가에서 '가장' 좋아하는지는 몰라도, '꽤' 좋아하는 것이 반드시 나오게 되어 있습니다. 그렇게 꿈은 조금씩 찾아가고 접근해가는 것이지 하나밖에 없는 운명을 복권 당첨되듯이 발견하는 게 아닙니다.

?

저는 수업시간에 많이 졸았는데요. 강의 중에 조는 학생, 먹는 학생, 열심히 듣는 학생 등등 다양한 학생들을 보면서 무슨 생각을 하실지 궁금합니다.

재미있는 질문이네요. 정확히는 강의만 생각합니다. 내 코가 석자입니다. 계속해서 연속적으로 말을 해야 하는데 한 명 한 명의 다양한 상태에 일일이 반응할 순 없습니다. 물론 모르는 척하는 것일 뿐 강단 위에 서면 다 보입니다. 다른 수업들을 잘 들을 수 있도록 주의할 점을 얘기해준다면, 실제 학생이 강한 액션, 즉 산만한 행동을 많이 취하면 강의자가 말 리듬이 끊길 수 있습니다. 그런 건 조심해주는 것이 매너입니다. 특히 음료 정도가 아닌 음식물을 먹는 것은 분명 매너가 없는 행동이겠죠? 아침을 굶고 9시 수업에 오는 경우를 이해 못하는 것은 아니지만요.

그리고 정말 졸려서 졸거나 잠깐 자는 경우 초·중생들처럼 깨울 수야 있겠습니까. '저렇게 피곤한데도 집에서 쉬지 않고 내 수업까지 와서 졸아주니 고맙지 아니한가'라고 생각합니다. 다 성인들이니 그 결과에 대한 책임은 본인이 져야 한다는 것 정도는 잘 알고 있을 것이고요.

　그리고 옛날엔 수업 때 자는 것이 매너 없는 행동으로 보였는데, 지금은 생각이 많이 달라졌습니다. 한번은 월요일 9시 수업에서 수시로 졸던 학생이 쉬는 시간에 친구에게 어제 주말 알바를 새벽 2~3시쯤 끝내고 서너 시간 자고 온 얘기를 하는 것을 들은 적 있습니다. 공부를 하기 위해 어쩔 수 없이 주말에 일을 최대한 하고 그 결과로 공부시간에 졸게 되는 슬픈 현실들이 눈앞에 있었지요. 내가 대학 다닐 때와 많이 다른 학생들의 생활상이 참 측은했습니다. 그리고 다른 학생들도 그런 경우라고 생각하기로 했습니다.

　그리고 솔직히 고백하면 나도 대학 다닐 때 꽤 졸았답니다. (웃음)

?

교수님 수업을 들어보면 정말 말씀을 잘 하신다고 생각합니다. 그렇다면, 공부를 많이 하시거나 자기 생각이 분명해서 말씀을 잘 하시는 건지, 아니면 강의를 오래 하다 보니 자연스럽게 잘하시게 된 건지 궁금합니다.

일단 칭찬인 것 같아 고맙습니다. (웃음) 그런데 답을 하라면 당연히 둘 다입니다. 질문을 던지고 말을 해봐야 내 논리에 문제를 느낄 수 있고, 그래서 공부를 더 할 것이고 그래야 생각이 분명해지겠죠? 분명 연구와 강의 경험은 서로 시너지 효과가 있습니다. 나도 내가 모르는 분야에 대해서는 절대 말을 잘하지 못할 겁니다. 지금 가르치고 있는 것들은 그래도 내가 10년 이상의 시간 동안 생각해오고 말해온 것들이기 때문에 당연히 대부분의 사람들보다는 잘 말할 수 있습니다.

또 다른 모든 교수님들처럼 작년보다는 더 좋아진 강의를 하기 위한 기본적 노력은 하고 있습니다. 이런 한 줄 질문 시간은 그런 준비 중 하나이기도 하구요. 일단 이렇게 질문을 들어보면 내가 어떤 부분에서 어떤 식으로 설명을 해야 할지 많은 힌트를 얻을 수 있겠죠? 그래서 실제로 10년 전에 비해선 설명법이 많이 바뀌었습니다. 질문자가 보기에 내가 말을 잘한다고 느껴진다면 아마도 그런 것들이 영향을 미쳤을 것 같습니다.

?

이 과목을 수강하면서 우리들이 울타리 안에서 돌아다니고 있다는 것을 많이 느낍니다. 벗어나고 싶다는 생각도 많이 했습니다. 하지만 힘드네요. 좀 더 큰 세상을 겪어보며 성찰하고 싶습니다. 이 울타리를 벗어나려면 어떻게 하면 될까요? 역사나 철학을 공부하는 분들은 자아성찰을 많이 해야 할 것 같다고 생각합니다. 교수님은 어떤 방식으로 자아성찰을 하시나요?

내가 자아성찰을 별로 잘하는 것 같지는 않지만, 자아성찰에 어떤 방식이 따로 있을까 싶습니다. 뭔가 부족함을 느낄 때만 성찰이 가능하고, 뭔가 배우고 경험했을 때만 부족함을 느낄 수 있겠지요. 결국 읽거나 경험한 것의 양과 폭과 깊이가 커질수록 성찰은 많이 하게 될 겁니다.

그리고 울타리 안에 있음을 알았으니 큰 것을 얻은 셈입니다. 그것을 아는 것이 나가기 위한 작업의 절반입니다. 이제 나가기 위해 노력만 해보면 되겠네요. 한 번도 안 해본 것이니까요. 아직 겨우 20여 년 살았지 않습니까? 그 정도 나이에 울타리를 벗

© Lane Erickson | Dreamstime.com

초 · 중 · 고등학교도 당연히 12년이나 되는 시간을 투자해야 했고 결국 마치지 않았습니까? 지금의 마음을 잊지 않으면 서른 살엔 분명히 달라지고, 마흔 살에는 자신의 변화가 놀라워질 겁니다. 인생은 생각보다 깁니다. 절실함을 가지되 시간을 한정하진 마십시오.

어난 사람은 많지 않을 겁니다. 그러니 힘들다고 생각하기보다는 당연히 오래 걸리는 과정으로 생각하는 것이 여유 있는 마음가짐이 아닐까 싶습니다. 초·중·고등학교도 당연히 12년이나 되는 시간을 투자해야 했고 결국 마치지 않았습니까? 지금의 마음을 잊지 않으면 서른 살엔 분명히 달라지고, 마흔 살에는 자신의 변화가 놀라워질 겁니다. 인생은 생각보다 깁니다. 절실함을 가지되 시간을 한정하진 마십시오. 이미 훌륭한 생각을 가진 학생이니 젊어서 승부를 끝내겠다는 식의 생각만 조심하면 될 겁니다.

> **?**
>
> 과학이론이 인문계열 학생에게 어떤 식으로 도
> 움이 될까요? 문과 계열로 분류되는 분야에서
> 과학이론과 지식을 어떻게 유용하게 쓸 수 있을
> 까요?

이렇게 재질문을 해보고 싶습니다. 상대성이론이 과학입니까? 철학입니까? 상대성이론은 과학적 철학이고, 철학적 과학입니다. 배워보니 인정하지요? 그리고 상대성이론을 '문과생뿐만 아니라 기계공학, 건축학 전공 학생들에게는 어떤 도움이 되었을까? 그리고 왜 배울까?'라는 부분은 생각해보았나요? 사실 '발레리나가 될 사람이 이순신 장군 얘기는 왜 배우는 걸까?'라는 말로 충분히 답이 될 듯합니다.

이것도 너무 거대한 이야기네요. 적절히 요약하긴 힘들겠지
만, 종강수업에서 강조한 것에 덧붙이자면, '조이고 푸는 과정을
반복하면서 동양화처럼 적절한 여백을 가진 삶'이 필요하다고
말해두고 싶습니다.

개발이나 개량, 그리고 일의 최종 마무리는 시간을 집중적으
로 투자하며 언제나 자기 시간을 통제할 수 있어야 합니다. 그러
나 이 방법에서 혁신은 나오기 힘듭니다. 폭넓게 생각할 기회는
여유가 있을 때에만 나올 수 있습니다. 또 일정한 지식의 깊이가
제공되지 않고 창의적 생각을 하는 것도 불가능합니다. 지금까
지 배운 과학사적 내용을 통해서도 그것은 충분히 느껴보았을
것입니다.

흔히 어린아이처럼 엉뚱하게 생각하라는 말을 많이 듣겠지
만, 어린아이가 엉뚱하게 생각해서 해결할 수 있는 일은 아무것
도 없습니다. 오직 '전문가가 어린아이처럼 생각할 때만' 창의성
은 샘솟을 수 있습니다. 그리고 외관을 흉내 내는데 시간을 낭

비하지 마십시오. 예를 들어 구글 본사 이름이 구글 캠퍼스이고, 대학캠퍼스처럼 생겼으며, 미끄럼틀이 설치되어 있다고 이런 것 따위를 흉내 내는데 시간을 낭비하지 말라는 얘기입니다.

그런 것들이 그들의 정체성이고 성공의 이유라는 식의 어린아이 같은 생각은 하지 말기 바랍니다. 이런 유형의 생각들이 얕은 생각과 단순화된 정보로부터 비롯되는 것입니다. 성공한 사람들이 자기 성공의 방법이라 자랑한 것을 따르지 말고, 실제 그들이 왜 성공하게 되었는지 스스로의 생각으로 다시 의심해보며 재분석할 줄 알아야 합니다. 아마 내 수업들은 대부분 그런 것들을 인상적으로 알려줄 사례들의 모음들이었을 겁니다.

?

교수님의 강의로 융합의 중요성을 충분히 인식했습니다. 두 문화의 극복이 실제 과학기술에 관한 지식이 아닌 과학기술의 발전과정과 특성을 배우는 것만으로 이루어질 수 있을까라는 궁금증이 있습니다. 문명이 발전하고 각 영역들이 분화되어 전문적 교육을 받지 않는다면 사용 이외에는 알기 어렵다고 생각하는데 극복이 가능한지, 그리고 어떤 방법으로 극복 가능할지 궁금합니다.

아주 많이 나왔던 질문이었습니다. 먼저 여러분이 내 수업에서 실제 배우기를 바라는 것은 과학기술의 발전과정이 아닙니다. 과학기술의 발전과정을 살펴보면서 합리적 사고법과 과학적 방법론을 배우는 것이 중요합니다. 그리고 꼭 지동설 혁명이라는 사례로 그것을 배울 필요도 없습니다. 내가 보아 그것이 가장 적절한 사례고 또 내가 잘 아는 사례일 뿐, 언제든지 다른 사례를 가지고 공부해도 상관없습니다.

융합학문이라는 것은 결국 최근 융합된 학문일 뿐이고, 필요할

때 하는 것이라고 거듭 이야기했습니다.『한 줄 질문』1권에 아주
여러 번 밝힌 내용이니 그 정도로 줄이겠습니다. 그리고 융합으
로 보이는 것을 뭔가 도움이 될 것 같아 억지로 미리 하지는 말라
는 말을 분명히 해둡니다. 내 주장의 핵심은 미적분이 필요하니
꼭 한 번 배워보라는 것이 아니라, 미적분을 30세가 넘을 때까지
몰랐더라도 배워야 할 일이 있으면 그냥 배우면 된다는 생각을
가지고 살아가라는 것입니다. 다빈치가 그랬던 것처럼요.

> **?**
>
> 교수님은 오늘날 대학에서 과학을 배우고 졸업한 사람들이 사회에 나가서 한 가지 잊지 말고 명심해야 할 게 있다면 무엇이라고 생각하시나요?

계속 배워야 한다는 것을 당연하게 인식하기 바랍니다. 배움이 끝나는 시점이 있다는 생각을 지우세요. 최소한 여러분의 머릿속에서 과거제와 고시제의 시대를 끝내세요. 그 단 하나의 사고법 차이가 인생의 가치를 바꿔놓을 겁니다. 공부는 평생 하는 것이라고 생각하는 사람과 공부는 성공하기 위해 하는 것이라고 생각하는 사람이 60살이 되어 만나면, 여러분이 보아도 뚜렷이 구분되는 모습일 겁니다.

어떤 방법으로 융합을 시도해야 할까요? 융합의 방법론적 측면을 조금이라도 더 알려주시면 고맙겠습니다.

융합의 필요성은 모두가 느끼고 있으니, 당연히 문제는 어떻게 제대로 융합하느냐의 문제입니다. 오늘날 융합이란 단어는 대유행입니다. 그래서 반작용도 있고 나도 그 용어 자체가 과소비된 측면이 있어 탐탁찮게 생각하는 사람입니다. 내가 생각하는 올바른 융합을 위한 태도 몇 가지를 정리해보겠습니다.

(1) 먼저 융합은 자연스럽게 당연히 섞는 것이라는 것을 받아들여야 합니다. 일부러 하거나 특별한 방법론이 아닙니다. 언제나 해오던 것을 하는 것입니다.

(2) 학문에서 융합은 '필요하면' 하는 것입니다. 자연스럽게 탄생한 최근의 융합분야로는 인지과학이 대표적인 사례입니다. 이런 학문 분야는 '일부러' 만든 것이 아닙니다. 인공지능, 뉴런 신경세포 연구 등의 성과가 축적되자 자연스럽게 인간의 인지

과정에 대한 연구가 진행되었고, 결국 독립된 분과학문으로서 인지과학이 만들어진 것입니다.

(3) 철저하게 과학만의 문제거나 인문학만의 문제거나 윤리적인 문제가 따로 있는 것이 아님을 알아야 합니다. 이 세상 대부분의 문제는 그 모든 측면이 언제나 섞여 있습니다. 우리가 문제해결을 하는 과정 자체가 결국은 융합적인 시도입니다.

(4) 융합이란 말을 굳이 학문만의 융합이라고만 들을 필요도 없습니다. 예를 들어 르네상스나 과학혁명은 학자적 전통과 장인적 전통이 섞이면서 발생했습니다. 그 결과는 우리가 아는 바대로 눈부셨지요. 모든 것이 서로 섞여야 합니다. 작업과정과 성찰적 측면 모두에서요.

분명한 것은 창의는 당연히 모방에서 나옵니다. 태양 아래 새것은 없습니다. 있는 것을 섞으면 그게 새것입니다. 예를 들어 스티브 잡스가 자랑했던 아이폰에 예전에 없던 기술이 들어간 게 하나라도 있었나요? 소형의 인터넷 연결 기기, 휴대전화, 카메라나 오디오, 미니 컴퓨터 등 다 있는 것들을 섞어놓으니 21세기를 여는 혁신 중 하나가 된 건 분명했지요? 그러니 융합과 잡종 속에 항상 새로울 수 있습니다.

많은 논문을 읽지 않고 창의적인 논문은 나오지 않습니다. 흔히 제도권 공부를 멀리해야 창의성이 유발되는 것처럼 얘기하는 경우를 많이 보는데 철저한 착각입니다. 이런 부분도 위인들의 이야기를 어릴 때 수박 겉핥기로 듣고 말았기 때문에 나오는 생각입니다. 아인슈타인은 뉴턴역학과 전자기학의 모순을 정확히 알았기에 상대성이론을 만든 겁니다. 서재에 책이 별로 없었던 아인슈타인이었지만 최신의 물리학 동향을 알 수 있는 학회지들은 꼬박꼬박 비치해놓고 있었고요. 지금 학문이 도달한 지점을 알지 못하고 창의성을 논하는 것은 어불성설입니다.

에필로그

중요한 질문들

『한 줄 질문』 1권에서는 현장감을 살리기 위해 학생의 질문과 필자의 대답을 맥락 그대로 옮긴 경우가 많았다. 쉽고 재미있게 다가가기 위한 방법이었지만, 다시 독자의 입장이 되어 읽어보니 그 나름의 약점은 있었다. 책에서 현장감을 살리기 위해 익살스럽거나 강하게 표현한 부분들은 사실 수업내용에서 충분히 긴 사전설명이 이루어졌던 부분들이다. 조금씩 손을 보았고, 수업내용과 직접적인 연관이 있는 질문은 제외했지만, 역시 모든 질문들은 내 수업의 맥락을 들은 이후에 나온 것들이다. 그래서 수업의 분위기 내에서는 자연스러운 대답들이라 해도 글로 질문과 답만 읽은 독자들에게는 논리비약으로 느껴지거나 단순한 답으로 느껴질 수 있는 부분들이 있을 것이다. 아무래도 보완해야 될 사항들을 2권에 따로 실어야겠다고 생각했다.

그래서 자주 나오는 유형의 질문들을 모아 '가상의 대표질문'을 만들고 배경지식을 포함시켜 길고 충실한 답을 해주는 형식을 추가했다. 물론 한 줄 질문의 연속성을 유지하기 위해 여전히 학생들과 대화를 나눈다는 본래의 형식을 따라 표현했다. 하지만 이 부분은 수업을 직접 듣지 않은 독자를 위한 한 줄 질문 전체에 대한 필자의 보완적 답변들이라고 할 수 있다. 많은 이들이 궁금해 하는 중요한 질문이며, 그 질문 자체를 다시 근본적으로 생각해보자는 맥락에서 정리해보았다.

1

'why not' 질문들

　동양과 서양의 비교나 양성평등 문제에 대한 질문을 볼 때 'why not' 질문 유형을 많이 찾아볼 수 있다. 학생들은 별 생각 없이 동양문명권이 '오래전부터' '서양보다' '여성을 차별했고' '전근대적'이었다고 생각하는 경향이 있다. 그것도 불과 수십 년 전 상황을 수백 년 전 사건과 비교하면서.

　예를 들어 서양은 양성이 평등하고 투표도 했는데, 우리는 남녀와 신분을 차별했고 군왕들이 권위적으로 통치했다는 식의 단순비교 같은 것들이다. 기본적으로 역사 전반에 대한 이해가 약하다는 데 문제가 있는 것이지만, 올바른 질문을 던지는 기본적 방법론을 배우지 못한 탓도 크다. 초중고 생활 내내 정해진 문제에 답을 다는 작업에만 익숙해져버린 것이다. 스스로 질문하는 경험을 쌓지 못했기에 혁신을 일으킬 수 있는 가장 중요한 역량이 초라할 정도로 움츠러들어버렸다. 올바른 질문을 던지는 것은 결코 쉽지 않다. 오랜 시간 노력해서 습득해야 하는 기예의 하나다. 그리고 그 역량의 개발은 개인의 인생사와 국가의 운명에 큰 전환점을 만들어 줄 수도 있는 중요한 것이다.

그리고 과학자를 문화와는 먼 무언가 전혀 다른 것을 하는 사람으로 인식하는 경향도 여전히 강하다. 하지만 내가 보기엔 가장 과학적인 것이 가장 예술적인 것이고, 가장 철학적이고 문학적인 사유를 할 줄 아는 사람이 최고의 과학을 설계할 수 있는 것이다. 서양의 과학을 발전시킨 힘도, 동양의 유학을 발전시킨 힘도 강력한 진리에 대한 열망이었다는 점에서 아무런 차이가 없음을 꼭 알려주고 싶다.

Q

1권에서 '왜 동양에서는 과학혁명이 없었나요?' '왜 우리나라에는 노벨과학상이 없나요?' '우리 민족의 패인은 무엇인가요?' 같은 질문들이 올바른 질문 유형이 아니라는 교수님의 말씀이 정확히 이해되지 않습니다. 질문이 틀렸다거나 잘못된 태도라는 말씀인지요?

'왜 우리는 패배했는가?' '우리는 왜 무엇 무엇이 없었는가?' '왜 우리는 어떤 것을 못했나?' 같은 유형의 질문들에 대한 것이군요. 먼저 명확히 해둘 것은 그 질문들은 아주 훌륭하다는 사실입니다. 그래서『한 줄 질문』1권에 실었습니다. 우리의 부족한 부분을 보완, 극복하고 발전을 이루기 위해 과거의 문제점들을 검토하자는 의미 있는 질문들입니다. 그리고 많은 학생들이 매학기 이와 유사한 질문을 몇 개씩 내놓습니다. 즉 매우 일반적인 질문이기도 합니다. 사실 그래서 나는 강하게 반론을 펼쳐주는 것입니다. 사명감이 있는 학생들에게 전혀 생각 못했던 부분을 알려주기 위해서요. 내가 강하게 표현한 반론들은 훌륭한 질문을 해준 개별 학생들에게 주는 말이 아닙니다. 보편화되고 체화되어버린 우리 모두의 내부에 있는 태도와 관련된 것입니다.

실제 문제는 분명 태도 면에서 훌륭한 그 질문을 던지게 된 과정에 개입된 대중적 오해들입니다. 수업 중 나는 주로 이 질문에 대한 답보다는 질문 자체에 녹아 있는 잘못된 시각을 교정해주는 데 시간을 할애합니다. 해당 학생의 표현상 문제가 아니라 우리 모두가 암묵적으로 받아들이고 있는 편향된 시각에 관한 것이기 때문입니다. 긴 역사적 맥락을 바라보는 태도와 연관되고, 자기 학업과 연구에서 중요한 분기점이 될 수 있는 질문이니 조금 자세히 차근차근 답해보겠습니다.

먼저 원론적인 부분의 답을 해보겠습니다. 사실 위의 질문들은 역사를 공부할 때 흔히 'why not' 질문이라고 부르는 유형의 연구 질문입니다. 연구자가 연구주제를 정할 때 조심해야 할 대표적인 경우들이라 학자들에게는 꽤 익숙한 이야기입니다. '왜'가 아니라 '왜 아닌가'를 물을 때는 '왜'라는 질문을 물을 필요가 없을 때만 의미가 있습니다.

쉬운 예를 들어보겠습니다. 화재가 발생한 집이 있어 조사관을 파견했습니다. 그런데 아무리 기다려도 조사관이 돌아오지 않았습니다. 그래서 화재가 난 집을 찾아가 봤더니 조사관이 보이지 않았습니다. 마을을 찾아보니 그 조사관은 다른 집에서 뭔가를 열심히 하고 있더랍니다. 뭘 하고 있었냐고 물어봤더니, "이 집에서 왜 화재가 발생하지 않았는지 조사하고 있었다."는 겁니다. 자, 듣자마자 우스꽝스럽게 느껴지지요. 그 조사관은 아마 영영 조사를 마치지 못할 겁니다.

실제 조사해야 할 것은 불이 난 집에 가서 화재원인을 조사해야 하는 것입니다. 아마도 불이 나지 않은 원인을 조사해야 할 경우는 모든 집에서 불이 났는데 한 집만 화재가 발생하지 않았을 때일 겁니다. 즉 필연적으로 화재가 예상되는데 화재가 발생하지 않았을 때만 '왜 불이 나지 않았는가?' 하는 질문은 의미가 있는 것입니다. 그렇지 않으면 연구는 영영 끝나지 않거나 엉뚱한 답을 찾을 수밖에 없을 겁니다. 이 예는 잘 이해가 될 것입니다.

그런데 애매한 경우들이 당연히 생길 수 있습니다. 한 마을에 절반만 화재가 발생하고 절반은 발생하지 않았다면 어떤 질문이 적절할까요? 그리고 어떤 답이 나와야 할까요? 연구자의 질문형태에 따라 연구결과는 '화재가 난 집의 부실한 관리'가 주제가 될 수도 있고, 반면 '화재가 나지 않은 집의 적절한 대응과 내연성 건축자재'가 요점이 될 수도 있을 겁니다. 즉 질문이 이미 답을 어느 정도 결정해 버린다는 것입니다. 사실 이 경우 전후사정과 맥락을 자세히 살펴야만 적절한 질문을 던질 수 있겠지요. 그래서 질문을 제대로 한다는 것은 이미 답에 상당히 접근해야만 가능합니다. 연구자를 목표로 하는 학생이라면 특히 잘 새겨두어야 할 이야기입니다.

그럼 '동양에서는 왜 과학혁명이 없었나요?'라는 질문을 살펴보 겠습니다. 과학혁명은 유럽에서 발생했습니다. 중국에서도, 인도에 서도, 아랍에서도, 지구의 어떤 문명권에서도 발생하지 않았던 특 수한 사건입니다. 그러니 질문되어야 할 것은 '왜 유럽에서 과학혁 명이 발생했는가?'입니다. 자, 그런데도 왜 동양에서 과학혁명이 발 생하지 않았는가를 묻게 되는 것일까요? 그 이유에 대해 우리는 곱 씹어 생각해봐야 합니다.

그것은 과학혁명이 '아주 좋은 것'이고, '필연적인 것'이라는 생각 이 전제되어 있기 때문입니다. 즉 현대문명이 반드시 도달해야 될 '정답'으로 규정되기 때문입니다. 분명히 현대문명은 과학혁명과 산 업혁명 등으로 인한 유럽문명의 팽창과정 속에 이루어진 것을 부인 할 수 없기 때문입니다. 그러니 '정답'을 맞춘 유럽인들에 비해 '우리 는 왜 답을 찾지 못했는가?'라는 식의 생각으로 연결되는 것입니다. 질문 안에는 '과학발전의 역사적 필연성'이 전제되어 있고 그러니 우 리는 유럽보다 '느리거나' '방향을 잘못 잡은 것'이라는 생각으로 연 결되는 것입니다. 우리 문명은 분명 지금과 다를 수 있었고 전혀 다 른 형태로 발전할 수도 있었음을 생각해볼 여유가 있어야 합니다. 이 질문 안에는 현대인으로서 우리의 오만함이 녹아 있습니다. 현 대는 '가능한 답' 중의 하나이지, 반드시 그러해야 할 '정답'은 아닙 니다.

극히 최근 몇백 년 동안 분명 유럽의 약진이 거대했던 것도 분명한 것이었지만, 동시에 오랜 역사기간 동안 어느 때는 동아시아가, 어느 때는 아랍이, 또 어떤 때는 인도가 눈부시게 발전하며 전 세계에 빛을 던져주던 시절이 있었음도 생각해야 할 겁니다. 그렇게 앞으로 또 다른 지역, 또 다른 문명권이 지구라는 행성의 문명을 선도해 나갈 수도 있는 것입니다.

그리고 또 하나 '동양'이라는 표현 안에 들어 있는 우리 내면의 심리도 들여다보아야 할 것 같습니다. 제가 프랑스 파리에 있는 대학 도서관을 살펴보러 갔을 때, 특이한 표현 하나를 봤습니다. 영국, 독일, 이탈리아에 관한 학문들은 독립된 분류 명칭을 가지고 있는데, 따로 '동방학'이 있더군요. 그래서 동방학은 동유럽에 관한 학문이냐고 물어봤습니다. 그랬더니 동유럽을 포함한 동방 전체에 대한 학문이라는 대답이 돌아왔습니다. 다시 말하면 동방학 안에는 폴란드, 루마니아, 불가리아, 러시아뿐만 아니라, 중국, 인도, 일본, 베트남, 한국이 모두 포함된다는 겁니다.

이 모든 나라가 '기타 등등'으로 분류된 느낌이었습니다. 충격이 꽤 컸습니다. 백인우월주의가 있을 테니 동유럽과 아시아 정도는 나눌 줄 알았습니다. 그런데 프랑스인들에게는 폴란드와 한국이 모두 그냥 '동방'일 뿐인 거지요. 프랑스적 자부심과 오만이 함께 느껴졌습니다. 남들은 모두 '오랑캐' 정도로 보는 중화사상과 비슷한 생각을 유럽에서 확인하는 기이한 경험이었구요.

사실 '동양'이란 단어는 프랑스 학문 체계의 '동방학'처럼 좋게 보면 우리의 자부심, 나쁘게 보면 오만을 보여주는 표현입니다. 동양과 서양이라는 이분법적 구도에는 이미 유럽과 동아시아 문명만이 문명다운 문명이라는 의미가 내재되어 있습니다. 그래서 우리도 유럽만큼이나 대단한 문명인데 왜 과학혁명은 없었느냐는 질문이 나오는 것이고, 그 질문을 하는 순간 사실 아랍, 인도 등의 문명권을 한 수 아래로 배제해버리는 것입니다. 그래서 최근 학자들은 '동양'보다는 '동아시아'라는 표현을 많이 씁니다. 여러 문명권들의 다양성을 인정하는 의미로요.

재미있는 것은 '동양에는 왜 과학혁명이 없었나요?'라는 질문은 있어도, '동아시아에는 왜 과학혁명이 없었나요?'라는 질문은 한 번도 본 적이 없다는 겁니다. 동아시아라고 표현하게 되는 순간 유럽 이외의 과학혁명이 없었던 모든 다른 문명들이 떠오르므로 자연스럽게 '동아시아에는 왜 과학혁명이 없었나요?'라는 질문은 나오지 않게 되는 것입니다.

그리고 서양과 어느 정도 대등해 보이는 동양이 왜 과학기술은 서양보다 뒤처졌는가에 대한 질문은 사실 아주 오랜 역사를 가지고 있습니다. 그리고 먼저 그 질문을 묻고 대답한 것은 유럽인들이었습니다. 나폴레옹만 해도 중국을 가리켜 '잠자는 사자를 깨우지 말라' 얘기할 정도로 인식했습니다. 그런데 아편전쟁에서 조그마한 영국이 중국을 이기자 유럽인들도 스스로 놀라버렸습니다. 분명히 한때 유럽을 압도하는 위대한 문명을 이룩했었던 중국이 어떻게 이렇게 초라하게 몰락하게 되었는가라는 질문은 아주 자연스러웠을 것입니다. 그리고 유럽인들은 그 답도 찾아냈습니다. 유럽의 승리는 분명 뛰어난 과학기술을 가지고 있었기 때문이었습니다. 그러면 '중국은 왜 과학을 유럽처럼 발전시키지 못했는가?'라는 질문으로 연결됩니다. 답은 아주 다양했습니다.

많이 언급된 것으로 한자와 중국어의 한계를 지적하는 설명이 있습니다. 표의문자인 한자를 사용하다보니 수천 자의 글자를 암기하는데 너무 많은 지적 에너지를 소모하게 되어 막상 창의성 있는 사유를 발전시키는 데 소홀하게 되었다는 주장입니다. 그리고 문법체계 내에 단수복수 구별, 성의 구분, 시제 구분 등이 없다는 한계가 지적되었습니다. 즉 이미 논리적이지 못한 언어와 문자를 사용한다는 것이지요.

또 다른 사례로는 유교 관료제와 과거제도의 문제점을 언급하는 설명들이 있습니다. 유교 관료제 사회가 지적 능력이 있는 사람들을 학자가 아닌 행정 관료가 되도록 이끌었고, 과거시험에 합격하기 위한 노력이 모든 학문적 호기심을 흡수해버렸다는 설명입니다. 재미있는 것은 계몽사상가 볼테르는 능력으로 관료를 뽑는 과거제를 귀족이 핵심요직을 장악하는 유럽보다 중국의 우월함을 보여주는 대표적 사례로 극찬했었는데 불과 한 세대가 지나면 과거제가 중국의 제도적 열등함을 보여주는 사례로 인용되었으니 참 아이러니한 것이지요.

한 마디로 표현하면 '유럽과 다른' 모든 중국적 특징들이 과학발전을 '저해'하는 이유로 설명될 수 있었다는 것입니다. 중국의 '특징'들은 모두 중국의 '열등함'으로 설명이 이루어지게 되었다는 것이지요. 최근에 한국, 중국, 일본 등의 경제적 발전을 본 서구 학자들이 동아시아의 '유교적 가치관'에 주목하는 언급들을 많이 내놓고 있는 것을 알 겁니다. 한 세기 전에는 유교 때문에 망한다고 하더니 이제는 유교 때문에 흥한다고 하는 것이지요. 제가 보기엔 문화결정론적 시각들이 때에 따라 얼마나 무책임할 수 있는지 보여주는 사례일 뿐입니다. 이처럼 문화결정론은 '언제나 무엇이든지 설명할 수 있는' 만능의, 안이하고 무책임한 해석일 수 있습니다. 이런 설명들이 나온 이유는 언제나 '현재가 정답'이었기 때문입니다. 끝없이 '현재의 합리화'가 이루어졌고, 앞서 살펴본 것처럼 질문이 답을 결정해버렸던 것입니다.

당시 유럽인들도 '올바른' 제도와 종교와 사상 안에서라면 과학은 필연적으로 발전하게 되어 있는 것으로 인식했던 것입니다. 결국 이런 해석은 유럽 우월주의, 인종주의, 민족차별로 이어지고 무수한 비극들을 현대사에 발생시킨 중요한 원인이 되었습니다. 자, 그러니 질문을 올바로 하는 것이 얼마나 중요한지 알 수 있겠지요? 올바른 질문이 나오지 않은 것은 한 마디로 오만함 때문입니다. 우리는 '언제나 어디서나 당연히 절대적으로' 너희보다 우월하다라는 오만 말입니다. 그 암묵적 전제에는 한 번도 의문을 가지지 않았었기에 엉뚱한 대답들을 양산해왔던 것이지요. 그만큼 중요한 문제이기에 학생들에게 강하게 얘기해주는 것이구요.

동양의 경우도 생각해봅시다. 동아시아 각국이 19세기 서구세력의 위협을 느끼기 시작했을 때 모두 나름의 방법으로 변화를 시도했습니다. 각각 이를 상징하는 슬로건도 내걸었고요. 보통 중국은 중체서용(中體西用), 조선은 동도서기(東道西器), 일본은 화혼양재(和魂洋才)라는 말을 많이 썼습니다. 중국의 체제를 유지한 채 서양의 기술들을 사용하자거나, 동양의 도와 서양의 기술을 조화시키자거나, 일본의 혼에 서양의 기술을 합한다는 말입니다. 모두 유럽의 과학기술은 인정할 수밖에 없으니 일단 인정하는 말입니다. 동시에 과학기술 이외의 것, 즉 문화나 정신적인 것은 우리가 더 우월하다는 자부심의 표현이기도 한 것이고요.

하지만, 그 자부심은 한편으론 시대 흐름에 눈 감은 몰락하는 문명 속의 무책임한 방관자들의 자기합리화로 보이기도 합니다. '정신만은' 우리가 더 뛰어나다. 그것은 어찌보면 질투였고, '우월감에 뿌리를 둔' 열등감의 시작이었습니다. 우월감과 열등감은 이렇게 동전의 양면 같은 것입니다. 서로가 상대에게 가졌던 우월의식이 문제였습니다. 중국과 조선은 '서양오랑캐'의 것들을 깔보았고, 유럽인들도 동아시아의 가치 있는 문화들을 모두 '야만'으로 폄하했던 서글픈 역사가 되어버렸습니다. 그 결과가 우리가 알고 있는 19~20세기의 역사입니다. 은연중 우리가 그 비뚤어진 역사 속에서 만들어진 색안경을 아직도 끼고 있는 것은 아닌지 되돌아 봐야겠지요.

덧붙여, 물론 과학발전의 이유가 실용의 추구라는 주장에 대해 전면 부정할 수는 없고 그래야 할 필요도 없습니다. 특히 실용의 본뜻을 생각할 때 과학은 분명히 실용적입니다. 문제는 우리가 실용을 어떻게 받아들이느냐에 있습니다. 많은 사람들이 실용의 의미를 '문화와 무관한 것', '경제적 실익을 가지는 것', '빠르고 편리한 것' 정도의 의미를 내포시켜 사용하는 듯하다는 것이지요. 만약 그렇다면 유럽인들은 재리만 따지는 속물들일 뿐이고, 동아시아인들은 세상물정에 어둡고 형이상학적 논쟁에 시간을 낭비한 나머지 사회적 복지나 경제적 윤택에 무관심했다는 식의 단순한 시각으로 이어지기 쉽습니다.

여러 번 밝힌 바, 유럽이 우리보다 '더' 실용적이어서 과학기술이 발전한 것은 결코 아닙니다. 사사로운 경제적 실익을 찾는 것이 아니라 신의 마음을 알아가기 위한 간절한 과정이 과학혁명이었습니다. 그리고 실용성의 중시야말로 유교의 기본적 태도였습니다. 유럽이 우리보다 '월등히' 실용적인 것을 중시하는 문명이어서 과학이 발전한 것으로 인식하는 시각 역시 유럽문명과 동아시아 문명을 동시에 비하하는 것일 수 있습니다.

자, 'why not' 질문에 대한 이야기만도 얘깃거리가 엄청나지요. 역사 속 이야기들은 그 시대상황의 맥락 속에서 이해하기 위해 노력해야 함을 잘 알려주는 사례들일 겁니다. 그리고 '왜'와 '왜 아닌가'라는 질문을 구분하는 것은 결코 쉬운 일이 아니라는 것도 알았을 것이고요.

덧붙이는 글 ⋯⋯⋯⋯⋯⋯

미적분법을 만들었던 라이프니츠는 중국과 관련된 일화들을 많이 남겼다. 서양 선교사들이 한참 중국에서 활동하던 시기 라이프니츠는 중국에서 유럽으로 전해진 『주역』의 내용에 감탄했다. '음양의 설명이야말로 이진법의 논리와 유사하지 않은가?' 자신이 만든 이진법과 유사한 그 무엇이 주역 64괘 안에 있다는 설명에 신비함을 느낀 나머지, 그는 집안에 주역의 괘형들을 걸어두었고, 주역의 64괘 밑에 십진수 표기로 변환한 필기를 하나하나 달아두기까지 했다.

라이프니츠는 유럽은 과학에서 중국보다 앞서 있고, 기술 면에서 중국과 대등하지만, 실천철학에서는 중국에 뒤처져 있다고 보았다. 그리고 중국을 참조하여 윤리학과 정치학을 개조하려는 생각까지 했다. 심지어는 중국에 계시종교를 가르치려고 선교사를 파견한 것처럼, 자연종교의 실천을 가르치기 위해 중국의 학자들도 유럽으로 와야 한다고도 주장했다. 17~18세기까지도 아직 유럽의 지성들은 중국적 가치들을 폄하하지 않았었다. 그 시대까지 유지되던 상대 문화에 대한 존중이 계속 되었다면, 그 열린 마음으로 서로를 바라볼 수 있었다면, 'why not' 질문들로 유럽 바깥의 문화들이 폄하되던 시기를 겪지 않을 수 있었다면, 현대의 많은 비극들은 막을 수 있지 않았을까 생각해 본다.

이런 동서양 간 교류에 대해 더 알고 싶다면 다음 책을 참조할 만하다.
데이비드 문젤로, 『동양과 서양의 위대한 만남 1500~1800』, 휴머니스트, 2009.

2

아리스토텔레스 주의에 대한 질문들

수업시간에 천동설에 대해 설명하기 전 아리스토텔레스 철학과 자연학에 대한 이야기를 한 시간여 자세히 들려준다. 물론 천동설의 주창자가 어떤 사람이었는지 알려주고자 하는 의도도 있지만, 시대에 따라 우리와 얼마나 다른 생각이 가능한지를 생각해 볼 수 있도록 하기 위한 의도도 크다.

그런데 이 2400년 전의 고대의 사상이 많은 학생들에게는 상당히 인상적인 것인가 보다. 한 번도 합리적 설명이 될 수 있다고 생각조차 하지 않았던 주장들이 아리스토텔레스 설명의 전체맥락에서 '말이 되는' 것으로 탈바꿈하는 경험이 신선했던 모양이다. 그래서 중간시험 때쯤에는 나름대로 아리스토텔레스의 맥락을 비판해보고 싶은 적극적인 한 줄 질문들을 많이 발견할 수 있다.

특히 공격이 집중되는 것은 그의 '여성차별'적 견해로 보이는 설명맥락 부분이다. 수업시간에 필자는 존재를 존재의 형상과 그 구성품인 질료로 나눈다는 아리스토텔레스 철학의 기본 개념을 소개한 뒤, 일부러 몇 가지 적용사례들을 소개해준다. 아리스토텔레스는 동물들이 새끼를 낳을 때 수컷이 형상을 제공하고, 암컷이 질료를 제공한다고 설명했다는 것을 알려준 뒤, 암컷은 수컷이 제공한 형상을 임신기간에 자신이 가진 질료, 즉 영양분으로 채워 새끼를 낳게 된다고 얘기해줄 때까지는 학생들은 별 반응을 보이지 않는다.

하지만 완전한 형상, 즉 수컷이 제공한 형상을 충분한 질료로서 채우지 못했을 때 암컷이 태어나게 된다는 설명을 해줄 때쯤이면 학생들 대부분이 기이한 것을 들은 표정이 된다. 완전한 인간의 형상은 남성의 형상으로 해석하고, 여성을 인간의 형상을 온전히 이루지 못한 '불완전한 남성'으로 분석하는 부분에 가서는 이 설명이 마음에 들지 않겠지만 반론을 제시하기는 아주 힘들 것이라는 점도 얘기해준다. 학생들은 이때쯤 친구들 얼굴을 보면서 황당하다는 표정과 작은 웅성거림으로 머릿속 혼란을 표현하곤 한다. 필자가 의도한 부분이다. 꼬리에 꼬리를 무는 생각의 연쇄를 일으켜보려는 필자의 의도는 한 줄 질문에 나타난 반응들로 볼 때 매우 성공적이었다.

Q

왜 바로 알아볼 수 있을 것 같은 내용인데도 생식과정에 대한 설명에서 형상과 질료 개념에 그렇게 집착했는지 이해가 되지 않습니다. 아버지는 형상만 제공하고, 어머니는 질료(영양분?)만 제공한다고 생각했다는 것이 아무리 생각해도 어리석어 보입니다. 분명히 자녀가 어머니를 닮지 않습니까?

아리스토텔레스에 대해 이런 질문들이 많은 이유는 특히 수업에서 설명된 여성차별로 보이는 관점들 때문인 듯합니다. 현대적 관점에서 도저히 이해할 수 없고 단순해 보이는 논리일 수 있습니다. 하지만 어느 시대의 인물과 사상을 평가할 때는 언제나 그 시대상황 속에서 바라볼 수 있어야 합니다.

예를 들어 고조선의 팔조금법(八條禁法)에 나오는 '사람을 죽인 자는 사형에 처한다' 같은 내용들은 현대의 관점에서는 끔찍한 법일 뿐입니다. 하지만 그런 법조차 없던 시절에 강자의 폭력을 제한하는 법령을 제정했다는 것은 분명 진보인 것이고, 또 그런 과정이 있었기 때문에 인류는 오늘의 문명수준에 도달할 수 있었던 것입니다.

링컨은 노예해방을 명문화한 수정헌법을 통과시켜 달라고 의회를 설득하면서 '그렇다고 흑인들에게 투표권을 주자는 얘기가 절대 아니다'라고 수차례 입장 표명을 했습니다. 이 말은 오늘날의 관점에서 분명한 인종차별입니다. 그렇다고 그것이 링컨을 공격하는 데 쓰일 수는 없습니다. 링컨의 개혁이 없었다면 우리는 오늘날처럼

'생각할 수조차' 없었을 겁니다.

그리고 2000년 전 사도 바울이 노예해방을 주장하지 않았다고 공격할 수 없을 겁니다. 오히려 그의 서신서에 나타난 인간존중의 정신이 2000년이 지나서야 노예해방으로 결실을 맺었다고 보는 것이 옳겠지요.

아리스토텔레스, 베이컨, 아인슈타인 등 유명인들의 여성 차별적 논리로 보이는 표현들 역시 그 시대의 기준으로 판단할 필요가 있습니다. 몇 가지 사례로 준비운동을 해보지요.

17세기에 프랜시스 베이컨은 '자연은 여성과 같아서' 새로운 자연철학에 의해 그 비밀이 파헤쳐지기를 기다리고 있다고 표현했습니다. 문명과 남성과 유럽은 정복의 주체이고, 자연과 여성과 신대륙은 정복의 대상으로 바라보는 이런 시각은 당시 유럽 지식인들의 보편적 정서였습니다. 관찰대상으로서 여성과 자연을 묶고, 주체적 관찰자로서 문명과 남성이 연결되는 이런 17세기 어법들을 보면 기가 막히기도 할 겁니다. 하지만 모두 남성이 모여 대화중인 상태에서, 여성이 당연히 타자화되는 분위기 속에서, 베이컨의 발언들이라는 점은 염두에 둘 수 있어야 합니다. 다시 말해 베이컨이 '특별히' 성차별적이었거나, 여성에 대해 동시대인들보다 비뚤어진 시각을 가진 사람이 아니라는 점을 알아야 한다는 것입니다.

18세기에 볼테르가 '여자라는 것이 유일한 단점인 최고의 인물'로 마담 샤틀레를 평했을 때, 그것이 볼테르가 해줄 수 있는 최고의 찬사라는 것을 이해할 수 있어야 합니다. 특히 여성이기 때문에 샤틀레의 뛰어난 재능이 제대로 발휘될 수 없음을 안타까워하는 애틋한 표현임을 알아야 한다는 것이지요.

20세기 초 아인슈타인은 여성들에게도 남성과 동등한 기회가 주어져야 한다는 점에 동의한 진보적 지식인 중 하나였습니다. 그리고 이렇게 이야기했습니다.

"물론 여성들도 동등한 기회가 있어야 하겠지요. 하지만 신체 구조의 천부적 약점 때문에 남자들만큼 높은 성과를 낼 수 있을지는 의문입니다."

"마리 퀴리는 어떻습니까?"

"빛나는 예외지요."

이런 자료들을 보면 아인슈타인이 남녀의 기회 균등을 말하고 있지만, 성별에 따른 능력의 차이는 분명히 있다고 생각하는 것을 알 수 있습니다. 하지만, 그가 19세기 말과 20세기 전반을 살다 간 사람이었다는 점을 감안하면 당대 대단히 진보적인 태도를 유지하는 사람임을 알 수는 있어야 합니다. 동등한 기회가 주어져야 한다는 발언만으로도 말입니다. 그리고 그 와중에 퀴리부인에 대한 강한 존경을 분명하게 표현하는 발언이기도 하구요.

아리스토텔레스 역시 당시 아무도 이의를 제기하지 않는 생각, 즉 그리스 시민 남자만이 최고의 완전한 인간이며, 여자, 어린이, 장애인, 비 그리스계 야만인들은 모두 불완전한 존재라고 보는 시각을 자신의 학문에 투영한 것뿐입니다. 그로 인해 학문이 왜곡되었다기보다는 그의 학문을 토대로 하여 당시 시대성을 뛰어넘는 새로운 시대사상으로 연결될 수 있었다고 보는 것이 적절한 시각입니다. 그럼 개별 의문들에 대해 답해보겠습니다.

분명 자녀가 이미 엄마의 특징을 닮았을 텐데 어떻게 그런 말도 안 되게 여겨질 주장이 받아들여졌는지 이해하기 힘들 것입니다. 현대인이라면 분명 그렇게 느껴질 겁니다. 예를 들어 아빠가 백인이고 엄마가 흑인이면 이미 자녀가 어느 정도 흑인의 특징을 가지고 태어나는 것을 봤을 것이고, 그렇다면 이미 어머니도 형상을 제공한다는 것이 확인된 것이 아니냐는 얘기겠지요. 하지만 얼마든지 다른 설명이 가능합니다. '귤이 회수를 건너면 탱자가 된다'는 고사가 있지요? 환경의 영향으로 본질은 같아도 얼마든지 다른 형태로 발현될 수 있다는 의미를 담고 있습니다. 아리스토텔레스의 주장도 똑같았다고 보면 됩니다. 어머니의 영향을 받아 어머니의 특성을 닮더라도 그 본질은 아버지가 준 씨앗 그대로라는 것입니다. 그리고 그런 생각은 억지로 짜 맞춘 것이라기보다는 오히려 아주 자연스러운 사고의 결과로 보이기도 합니다. 조금 다른 사례를 들어보겠습니다.

얼마 전 지하철에서 '사랑의 편지'에 나왔던 내용을 보고 재미있어서 적어둔 것이 있습니다. '노파와 정약용'이라는 제목이었는데 정약용이 유배지에서 형에게 쓴 편지를 다룬 내용입니다.

주막집 노파가 말을 걸었다.

"나으리께서는 글을 많이 읽으신 분이니 감히 여쭙습니다. 부모의 은혜가 같다고는 해도 제가 보기에는 어미의 수고가 훨씬 더 큽니다. 그런데 성인의 가르침을 보면 아버지는 무겁고 어머니는 가볍게 여깁니다. 성씨도 아버지를 따르고 상복도 어머니는 더 가볍게 입습니다.

너무 치우친 것 아닙니까?"

"아버지께서는 나를 낳아주신 분이 아닌가? 어머니의 은혜가 깊다 해도 천지에 처음 나게 해 주신 은혜가 더 중하기 때문이네."

"제 생각은 다릅니다요. 초목으로 치면 아버지는 씨앗이고 어머니는 땅이겠지요. 씨를 뿌려 땅에 떨어뜨리는 것보다 땅이 양분을 주어 기르는 공은 더욱 큽니다. 아무리 그래도 밤의 씨앗은 자라서 밤이 되고 벼를 심으면 벼가 되지요. 몸을 온전하게 만드는 것은 모두 땅의 기운이지만 마침내 종류는 씨앗을 따라 갑니다. 옛날 성인께서 가르침을 세워 예를 만들 적에도 아마 이 때문에 그랬던 것이 아닐까요?"

"할멈, 내가 오늘 크게 배웠네 그려. 자네 말이 참 옳으이."

일자무식의 노파의 말에 정약용이 머리를 숙였고 남존여비 사상에 젖어 있는 자신을 반성했다는 교훈을 주며 이 내용은 끝을 맺었습니다. 여러분은 어떻게 읽힙니까? 나는 아주 재미있어서 그대로 적어둔 것입니다. 기원전 4세기 아리스토텔레스와 19세기 정약용은 2300년의 시간차에도 불구하고 동일한 믿음을 공유하고 있습니다. 그리고 오늘날 우리들은 절대 동의하지 않을 것을 노파와 정약용은 절대 의심하지 않고 이미 대화 속에서 합의하고 있는 것이 있습니다. 남자가 씨앗을 주고, 여성이 키운다는 바로 그 개념 말입니다. 시간을 뛰어넘어 전혀 다른 문화권에서 똑같은 생각을 공유하는 것으로 보아 이 해석은 직관적으로 생각되는 부분이라는 것입니다. 어쩌면 대단히 특이한 생각을 하고 있는 것은 바로 우리들일지 모릅니다.

우리는 그 씨앗(즉 본질, 혹은 형상)을 남자와 여자 모두 '절반씩' 자녀에게 물려준다고 생각합니다. 왜 그 차이가 발생하는지 생각해보십시오. 우리는 DNA라는 것을 부모가 거의 반반씩 자녀에게 물려준다는 것을 배운 세대입니다. 그리고 그것이 어떤 '본질', 즉 '형상'에 해당하는 것이라고 생각합니다. DNA가 인간을 인간이게 하고, 각 종을 그 종이게 하는 무엇임에는 분명합니다. 성별과 외관상의 많은 특징들을 부여하는 것도 사실이구요. 즉 우리가 아리스토텔레스의 수컷이 형상을, 암컷이 질료를 제공한다는 관점을 어리석다고 생각할 수 있는 유일한 이유는 우리가 DNA 발견 이후 세대이기 때문입니다. 이 사례 하나만으로도, 과학이론 하나가 우리의 사유방법을 얼마나 돌이킬 수 없이 바꿀 수 있는지 되돌아볼 수 있을 겁니다. 그만큼 이데올로기와 과학이론이 밀접한 관계를 가지고 있음을 잘 보여주는 살아 있는 증거이구요.

아주 작은 사례를 가지고 일부러 꽤 긴 답을 해보았습니다. 아리스토텔레스의 주장은 19세기까지도 강력한 영향력을 미쳤고, 그의 주장을 반증하기가 얼마나 힘들었는지 알았을 겁니다. 작은 사례 하나가 이럴진대 그의 그물코 같은 이론들이 중세와 근대의 학자들에게 얼마나 거대한 것으로 다가왔을지 생각해보기 바랍니다. 16~17세기에 걸친 과학혁명의 전 과정이 아리스토텔레스를 자연철학 영역에서만이라도 극복하는 과정이라고 요약해도 과언이 아닙니다. 아리스토텔레스의 이론들이 얼마나 보편성을 가지고 있는지, 반증이 힘든지, 그가 얼마나 탁월한 학자였는지 느껴보는 계기일 수 있기 바랍니다.

그리고 우리가 의문을 느끼지 않는 가치들과 우리가 당연시하며 향유하고 있는 많은 것들이 얼마나 오랜 의문을 던지고 집요하게 노력해온 결과물인지도 알 수 있을 겁니다.

그러니 옛 사람들의 생각을 사고의 편협함과 지식의 부족이라는 단순한 설명으로 대치해서는 안 됩니다. 반복하지만 그 시대의 눈으로 그 사람을 바라본 뒤, 인류 보편의 감성에서 다시 한 번 그들을 생각해보면 다른 아리스토텔레스가 보일 겁니다. 곱씹고 곱씹어 보면서 현재 우리가 누리고 있는 세계가 얼마나 많은 노력, 논쟁, 투쟁의 결과물인지 알고 감사해야 하는 것이겠지요. 그리고 그런 과정에 대한 이해가 선행할 때 우리 문명에 대한 올바른 자부심도 가질 수 있고, 우리가 수호해야 할 대상이 무엇인지에 대해서도 새롭게 정의해볼 수 있을 겁니다.

덧붙이는글

'결핍된 남성'으로서의 여성이라는 아리스토텔레스의 시각이 학생들에게는 충격적이었던 듯하다. 여러 번 질문이 반복된 결과 여러 가지 형태로 이 문제를 숙고해보는 대화들이 오갈 수 있었다. 그리고 필자 스스로도 DNA 패러다임이 이 문제에 의외의 중요한 변수일 수 있다는 생각도 정리해보는 계기가 되었다.

많은 학생들은 우리가 사는 세계는 극히 최근에 만들어진 것임을 모르고 있다. 그래서 그렇게 견고하지 않고 완성되지도 않았다는 것을 잘 느끼지 못한다. 사실 과학뿐만 아니라 모든 것이 그렇다. 나는 학생들이 우리가 양성평등과 같은 이야기들을 자연스럽게 하게 된 시기가 멘델의 연구에서 DNA 개념에 이르기까지 생식이 새롭게 설명되고 난 시기와 겹친다는 것을 생각해보면서 과학이론과 사회이론의 밀접한 관계성을 체감할 수 있기 바란다. 그러기에 과학은 과학자들만의 고민거리일 수 없다는 것도 함께 생각해보면서 말이다.

아리스토텔레스에 대한 추가적인 질문과 답들은 다음과 같은 것들이 있다.

Q

물체의 무게와 낙하속도가 비례한다는 아리스토텔레스의 이론은 그의 다른 이론에 비해 반례를 들기 쉬울 것 같은데, 왜 갈릴레이 이전에는 크게 공격받지 않은 것인지요?

사실 우리는 아리스토텔레스가 틀렸다는 것을 잘 아는 상태에서 반례를 들기 쉬웠을 거라고 생각하는 것입니다. 하지만 항상 얘기하지만 아리스토텔레스의 설명들은 사실 경험과 잘 일치합니다. 종이와 돌을 떨어뜨려보세요. 분명히 돌이 먼저 떨어진다고 생각할 겁니다. 대부분의 경우 공기저항 때문에 '가벼워 보이는' 물체가 늦게 떨어집니다. 그리고 초등학생 때 여러분도 대부분 그렇게 생각했을걸요?

'공기저항을 거의 받지 않는, 크기와 모양이 비슷한, 분명하게 대비되는 무게를 가진 물체들을 떨어뜨리면 어떻게 될까'를 진지하게 고려해야 하는 경우 자체가 생길 일이 없다는 것이지요. 일단 반례를 제시하는 것은 반례를 들어야 한다는 생각을 해야 시작할 수 있습니다. 인류가 고층빌딩을 만들고 비행기를 타고 다니며 3차원적으로 세상을 바라봐야 하는 이유가 생긴 것은 극히 최근의 일입니다. '낙하' 자체—에 대해 심각하게 사유해 볼 필요성이 과거에는 거의 없었다는 점을 고려해야 합니다.

아리스토텔레스의 이론이 논리적이어서 사람들이 그의 이론을 쉽게 깰 수 없었던 것도 있겠지만 결국 권력과 결합된 권위주의로 인해서 학문의 발전이 늦어졌다고 생각되는데 교수님께서는 이에 대해 어떻게 생각하십니까?

기존 학문의 '권위'라는 것은 당연한 것입니다. 권위주의라는 표현은 이미 잘못된 권위를 의미하는 것인데 이 경우 그것이 잘못된 권위였다고 보는 것이라면 동의하지 않습니다.

우스개를 하나 해보겠습니다. 여러분이 실험을 반복하다가 상대성이론이 틀린 것으로 보이는 증거를 찾은 것 같다고 지도교수님께 말했을 때 지도교수님은 어떤 반응을 보이실까요? '내 제자가 아인슈타인을 넘어섰구나'라는 감탄보다는 '이 학생이 실험하다가 또 졸았구나'라는 반응이 정상적이겠죠? (웃음) 여러분이 아인슈타인에게 도전하려면 그만큼 상응하는 노력이 필요합니다. 아인슈타인의 강력한 권위 때문이죠. 여러분 친구나 선배들의 주장을 비판하는 것보다 훨씬 어려울 것은 당연합니다.

상대성이론이 틀렸다면 그 분명한 증거를 제시해야 하는 것은 여러분입니다. 그리고 여러분들이 학회지에 논문 하나는 실을 수 있을 정도의 '당연한 학문적 권위'는 가지고 난 뒤의 일이 되는 것도 당연하구요. 그렇지 않다면 여러분이 충분한 물리학적 지식이 있는지를 어떻게 알겠습니까?

강력한 권위를 가진 그 시대의 학문적 표준에 반대하는 것은 언제나 어려운 일이고 많은 준비가 필요한 일이며 따라서 언제나 많은 시간을 요하는 일입니다. 그런 부분을 폐해라거나 비판의 대상으로까지는 보지 않았으면 좋겠습니다.

아리스토텔레스가 언제 비판되는지 궁금합니다.

언제나 비판되었고, 언제나 칭송되었다고 해야 할 것 같습니다. 지금도 철학, 논리학, 윤리학, 정치학을 배울 때 항상 언급되는 서양학문의 시조 같은 인물입니다. 과학에서만 그 영향력이 약화된 셈인데, 17세기 역학과 우주론에서 아리스토텔레스적 설명이 배제되었고, 19세기가 지날 때까지 생물학에서는 여전히 압도적 영향력을 가지고 있었다고 볼 수 있습니다. 무엇보다 옛 학자들이 무비판적으로 아리스토텔레스를 신봉하다가 어느 날 갑자기 변화되었다는 식의 생각은 하지 않았으면 합니다. 당연히 점진적인 변화지만 대표적인 사람들의 업적을 위주로 우리가 배우기 때문에 그 과정을 정확히 체감하지 못하는 것뿐입니다.

젊은 과학도를 위한
한 줄 질문 2

1판 1쇄 찍음 2017년 4월 15일
1판 1쇄 펴냄 2017년 4월 20일

지은이 남영

주간 김현숙 | **편집** 변효현, 김주희
디자인 이현정, 전미혜
영업 백국현, 도진호 | **관리** 김옥연

펴낸곳 궁리출판 | **펴낸이** 이갑수

등록 1999년 3월 29일 제300-2004-162호
주소 10881 경기도 파주시 회동길 325-12
전화 031-955-9818 | **팩스** 031-955-9848
홈페이지 www.kungree.com
전자우편 kungree@kungree.com
페이스북 /kungreepress | **트위터** @kungreepress

ⓒ 남영, 2017.

ISBN 978-89-5820-446-6 03400

값 15,000원